计算机应用基础实验指导

国家林业和草原局职业教育"十三五"规划教材
全国生态文明信息化遴选融合出版项目

主　编　尹迎菊　胡平霞
副主编　曾　莉　李春媚　李英杰　邓金国
　　　　王建波
编　委　尹迎菊　胡平霞　曾　莉　李春媚
　　　　李英杰　邓金国　王建波　龚　静
　　　　邓阿琴　曾　斯　拖洪华　王　晟
　　　　吕　鹏　吴　翔　尹　婷　胡　灿

中国林业出版社

图书在版编目(CIP)数据

计算机应用基础实验指导 / 尹迎菊,胡平霞主编. --北京:中国林业出版社,2019.9
ISBN 978-7-5219-0129-0

Ⅰ.①计… Ⅱ.①尹… ②胡… Ⅲ.①电子计算机-高等职业教育-教学参考资料 Ⅳ.①TP3

中国版本图书馆 CIP 数据核字(2019)第 127705 号

课程信息

国家林业和草原局职业教育"十三五"规划教材
全国生态文明信息化遴选融合出版项目

中国林业出版社

策划编辑:吴 卉
责任编辑:张 佳
电   话:010-83143561
邮   箱:thewaysedu@163.com
小途教育:http://edu.cfph.net

出版发行:中国林业出版社
邮   编:100009
地   址:北京市西城区德内大街刘海胡同7号
网   址:http://lycb.forestry.gov.cn
印   刷 固安县京平诚乾印刷有限公司
版   次 2019年9月第1版
印   次 2019年9月第1次
字   数 262千字
开   本 787mm×1092mm 1/16
印   张 12
定   价 42.00元

凡本书出现缺页、倒页、脱页等问题,请向出版社图书营销中心调换
版权所有 侵权必究

内容提要

本书以突出"应用"、强调"技能"为目标，同时涵盖了计算机等级考试一级（Windows 环境）相关考试内容。全书共分为两部分，第一部分包括实验和实训，在每部分知识体系后面配有若干实验内容以及精心设计的阶段性实训内容；第二部分包括编者收录的计算机等级考试一级（Windows7＋Office 2010 环境）相关试题，包括 10 例计算机基础知识例题与解析和 5 例 Office 2010 软件操作与上网操作典型案例和操作解析。

本实验教程和教材配套使用，适合作为各类高等学校非计算机专业计算机基础课程的教学用书，也可作为全国计算机等级考试一级考试的复习用书，还可作为各类计算机基础培训班用书或初学者的自学用书。

前言

"计算机应用基础"是高等学校为非计算机专业学生开设的最为普遍、受益面最广的一门计算机基础课程。本书是为了适应大学计算机基础教学新形势的需要,根据教育部高等学校非计算机专业计算机基础课程教学指导委员会提出的《高等学校非计算机专业计算机基础教学大纲》编写的。为各级高校学生提供一本既有理论基础,又注重操作技能的实用计算机基础教程。本书针对高等院校非计算机专业计算机基础教学的特点,注重基础知识的系统性和基本概念的准确性,更强调应用性和实用性。

本书是与《计算机应用基础》(中国林业出版社)配套使用的实验教材,是对《计算机应用基础》教材的进一步充实和完善,全书共分为两部分。第一部分"计算机应用基础实验",有六个模块共十六个上机实验任务,涵盖了《计算机应用基础》教材的全部上机操作内容,每个任务力求做到步骤清晰,可操作性强,突出应用,注重提高动手和应用能力;第二部分"考级篇",根据2018版全国计算机等级考试考试大纲的要求,计算机等级考试分为计算机的基础知识选择题、Windows的基本操作、Word字处理、Excel电子表格、PowerPoint演示文稿、上网基本操作六大模块,考级篇内容包括六大模块的典型案例和操作解析,每个案例都作了解题分析和详细的操作步骤,对于非计算机专业学生参加全国计算机等级考试,本书也是一本很好的复习资料。本书中提及的操作素材可以扫码下载。

本书由湖南环境生物职业技术学院尹迎菊、胡平霞主编,李英杰、李春媚、曾莉、邓金国、王建波任副主编,第1章指法练习与汉字输入法和第4章Excel电子表格制作由尹迎菊编写,第2章Windows基本操作由李英杰编写,第3章Word文字处理由胡平霞编写,第5章PowerPoint演示文稿制作由李春媚编写,第6章计算机网络应用由曾莉编写,考级篇由邓金国、王建波编写,吴翔、尹婷、胡灿等老师为本书的编写做了许多有益的工作,在此一并表示感谢,由于编者水平有限,书中错误和不足之处在所难免,敬请读者批评指正。

编者
2019年6月

目　录

内容提要
前言

实验篇

第 1 章　指法练习与汉字输入法 ·· 3
实验一　指法练习 ··· 3
一、实验目的 ··· 3
二、实验说明 ··· 3
三、实验任务及操作步骤 ··· 4
四、任务拓展 ··· 7
实验二　汉字输入 ··· 8
一、实验目的 ··· 8
二、实验说明 ··· 8
三、实验任务及操作步骤 ··· 9
四、任务拓展 ·· 13

第 2 章　Windows 7 操作系统 ··· 15
实验一　Windows 7 基本操作 ··· 15
一、实验目的 ·· 15
二、实验内容 ·· 15
三、实验任务及操作步骤 ·· 15
四、任务拓展 ·· 36
实验二　Windows 7 文件管理操作 ··································· 36
一、实验目的 ·· 36
二、实验内容 ·· 36
三、实验任务及操作步骤 ·· 36
四、任务拓展 ·· 46

第 3 章　Word 2010 字处理 ... 47

实验一　使用 Word 2010 编辑自荐信 ... 47
一、实验目的 ... 47
二、实验内容 ... 47
三、实验任务及操作步骤 ... 47
四、任务拓展 ... 53

实验二　使用 Word 2010 制作简报 ... 53
一、实验目的 ... 53
二、实验内容 ... 53
三、实验任务及操作步骤 ... 53
四、任务拓展 ... 58

实验三　表格制作 ... 59
一、实验目的 ... 59
二、实验内容 ... 59
三、实验任务及操作步骤 ... 60
四、任务拓展 ... 67

实验四　图文混合排版 ... 67
一、实验目的 ... 67
二、实验内容 ... 68
三、实验任务及操作步骤 ... 68
四、任务拓展 ... 74

第 4 章　Excel 2010 电子表格 ... 75

实验一　工作表的编辑与格式化 ... 75
一、实验目的 ... 75
二、实验内容 ... 75
三、实验任务及操作步骤 ... 75
四、任务拓展 ... 81

实验二　公式与函数的使用 ... 81
一、实验目的 ... 81
二、实验内容 ... 81
三、实验任务及操作步骤 ... 81
四、任务拓展 ... 86

实验三　图表处理 ... 87
一、实验目的 ... 87
二、实验内容 ... 87
三、实验任务及操作步骤 ... 87

四、任务拓展 ········· 90

　实验四　数据管理 ········· 91
　　一、实验目的 ········· 91
　　二、实验任务 ········· 91
　　三、实验任务及操作步骤 ········· 91
　　四、任务拓展 ········· 97

第 5 章　PowerPoint 2010 演示文稿 ········· 98
　实验一　PowerPoint 2010 基本操作 ········· 98
　　一、实验目的 ········· 98
　　二、实验内容 ········· 98
　　三、实验任务及操作步骤 ········· 98
　　四、任务拓展 ········· 103

　实验二　PowerPoint 2010 的高级操作 ········· 103
　　一、实验目的 ········· 103
　　二、实验内容 ········· 103
　　三、实验任务及操作步骤 ········· 103
　　四、任务拓展 ········· 109

第 6 章　计算机网络与 Internet 应用 ········· 110
　实验一　IE 浏览器的使用 ········· 110
　　一、实验目的 ········· 110
　　二、实验内容 ········· 110
　　三、实验任务及操作步骤 ········· 110
　　四、任务拓展 ········· 113

　实验二　电子邮箱的申请和使用 ········· 114
　　一、实验目的 ········· 114
　　二、实验内容 ········· 114
　　三、实验任务及操作步骤 ········· 114
　　四、任务拓展 ········· 125

考级篇

全国计算机等级考试一级 MS OFFICE 考试大纲 ········· 129
　一、计算机基础知识 ········· 129
　二、操作系统的功能和使用 ········· 129
　三、Word 字处理软件的功能和使用 ········· 130
　四、Excel 电子表格软件的功能和使用 ········· 130
　五、PowerPoint 的功能和使用 ········· 130

六、因特网（Internet）的初级知识和应用 …………………………………… 131
模块1　计算机基础知识…………………………………………………………… 131
模块2　Windows 7 基本操作……………………………………………………… 140
模块3　Word 字处理操作………………………………………………………… 145
模块4　Excel 电子表格处理……………………………………………………… 159
模块5　PowerPoint 演示文稿制作………………………………………………… 171
模块6　上网操作题………………………………………………………………… 180

实验篇

计算机应用基础是一门实践性非常强的课程,除了要求掌握计算机的基础理论知识以外,还必须熟练掌握 Windows 7、上网的基本操作和 Office 办公软件的基本操作,只有这样才能真正解决所遇到的实际问题。因此,学习计算机应用基础,上机实验就显得十分重要。上机实验操作,对于零基础的非计算机专业的学生,提高计算机基本操作能力具有十分重要的作用。为了方便读者上机练习,根据《计算机应用基础》不同章节的教学内容,本篇都设计了与之相关的上机实验任务,共计 16 个实验任务,每个任务分基础练习、拓展练习和相应的素材,具有较强的针对性和实用性。

实操素材下载

第1章
指法练习与汉字输入法

实验一　指法练习

一、实验目的

(1) 了解开、关机的步骤。
(2) 熟悉键盘的各种功能键，使用键盘进行录入操作。
(3) 熟练掌握指法，进行盲打练习。

二、实验说明

当前，常见的计算机键盘皆采用标准英文键盘，不论是以拼音方式输入还是以字形方式输入，都是利用英文键盘来实现的。对于英文打字，无论是对照书面文稿打字，或是凭口述方式听打，还是自己边打腹稿边随想打字，都是采取直接形式打，不存在重新学习编码的问题，只需要指法熟练，操作起来就既方便又轻松。

但是，一般汉字并不能在26个英文字母键帽上直接打出，要先通过输入代码才可以，而且原则上还有重码选择、词语输入、联想处理等问题。因此，学好计算机英文键盘的击键指法，将会为汉字的键盘输入奠定很好的基础。

如果你是刚刚接触电脑的话，打字可能会特别的慢，不管学什么东西，都是从新开始的，只有你自己能够多加练习，那学的才会更快一些。首先要学会正确的指法，初学打字的话这个是很重要的，你要知道每个手指对应哪些范围内的字母，这是打字学习的基础，正确的指法是你熟练打字的第一步，指法是提高打字速度的最有效训练基础，同学们在练习的时候一定要正确地使用正确的手指去按按键。最科学和最合理的打字方法是盲打法，即打字时双目不看键盘，视线专注于文稿和屏幕。这就要求在掌握正确击键指法的基础上，还要多做打字练习。同学们可结合相关打字软件辅助练习，同时注重测试打字速度，提高练习效率，学会盲打。

三、实验任务及操作步骤

【任务 1】 开、关机的操作

1. 开机

① 先打开显示器,再打开主机电源(Power)开关(如果是一体化分式机或笔记本电脑,直接打开电源)。

② 在登录窗口中进行正确的登录后,会出现 Windows 7 的桌面,如图 1-1 所示。

图 1-1　Windows 7 桌面

2. 重新启动计算机

① 单击"开始"按钮,然后单击"关机"按钮右侧的三角形按钮,如图 1-2 所示。

图 1-2　"关机"列表

② 选择"重新启动"命令,即可重新启动计算机(此操作一般用于系统不能正常工作时)。

3. 关机

单击图1-2中的"关机"按钮,当屏幕无显示时关闭显示器即可。

注意:在关机前应关闭所有打开的窗口,用户必须通过该操作进行关机,而不能强行关闭电源。经关机操作后,一般情况下都会自动关闭主机电源。

【任务2】指法练习

1. 摆好正确的姿势

初学键盘输入时,首先必须注意的是击键的姿势,如果初学时的姿势不当,就不能做到准确快速地输入,也容易疲劳,正确的姿势应该是:

① 腰背应保持挺直而向前微倾,身体稍偏于键盘右方,全身自然放松。

② 应将全身重量置于椅子上,座椅要调节到便于手指操作的高度,使肘部与台面大致平行,两脚平放,切勿悬空,下肢宜直,与地面和大腿形成90°直角。

③ 上臂自然下垂,上臂和肘靠近身体,两肘轻轻贴于腋边,手指微曲,轻放于规定的基本键位上,手腕平直。人与键盘的距离,可通过移动椅子或键盘的位置来调节,以调节到人能保持正确的击键姿势为佳。

④ 显示器宜放在键盘的正后方,与眼睛相距不少于50cm,输入原稿前,先将键盘右移5cm,再将原稿紧靠在键盘左侧放置,以便阅读。

2. 熟练掌握打字的基本键位

位于主键盘第3排上的【A】【S】【D】【F】及【J】【K】【L】【;】这8个键位就是基本键位,也称原点键位。

在开始击键之前,各手指的正确放置方法如下:

① 将自己的左手小指、无名指、中指、食指分别置于【A】【S】【D】【F】键上。

② 左手大拇指自然向掌心弯曲。

③ 将右手食指、中指、无名指、小指分别置于【J】【K】【L】【;】键上。

④ 右手大拇指可以轻置在空格键上。

⑤ 左手食指还要负责【G】键,右手食指还要负责【H】键。

只要时间允许,双手除拇指以外的8个手指应尽量放在基本键位上。

3. 掌握指法分区表

在熟练掌握基准键位的基础上,对于其他字母、数字、符号都采用与8个基准键位对应的位置来记忆。例如,用击【S】键的左手无名指击【W】键,用击【L】键的右手无名指击【O】键。这时关键要掌握键盘指法分区表,键盘的指法分区表如图1-3所示。凡两斜线范围内的字键,都必须用规定的

图1-3 指法分区表

手的同一指进行操作。值得注意的是，每个手指到基本键位以外的其他排击键结束后，只要时间允许，都应立即退回基本键位。请对照指法分区表加以练习。

4. 空格键的击法

右手从基本键位上迅速垂直上抬 1~2cm，大拇指横着向下一击并立即收回，便输入了一个空格。

5. 换行键的击法

需要进行换行操作时，提起右手击一次【Enter】键，击后右手立即退回相应的基本键位上。注意小指在手收回过程中保持弯曲，以免带入【;】。

6. 大写字母键的击法

① 首字母大写操作

通常先按下【Shift】键不动，用另一手相应手指击下字母键。若遇到需要用左手弹击大写字母时，则用右手小指按下右端【Shift】键，同时用左手的相应手指击下要弹击的大写字母键，随后右手小指释放【Shift】键，再继续弹击首字母后的字母；同样地，若遇到需要用右手弹击大写字母时，则用左手小指按下左端【Shift】键，同时用右手的相应手指击下要弹击的大写字母键，随后左手小指释放【Shift】键，再继续弹击首字母后的字母。

② 连续大写的指法

通常将键盘上的大写锁定键【Caps Lock】按下后，则可以按照指法分区的击键方式来连续输入大写字母。

7. 数据录入的指法

① 纯数字录入指法

纯数字录入指法又有两种方式：

一是将双手直接放在主键盘的第一排数字键上，与基本键位相对称，用相应的手指弹击数字键。

二是当用小键盘上的数字键录入时，先用右手弹击小键盘上的数字锁定键【Num Lock】，目的是将小键盘上的数字键转换成数字录入状态，此时小键盘上方的【Num Lock】指示灯变亮，然后将右手食指放在【4】键上，无名指放在【6】键上。食指移动的键盘范围是【7】、【4】、【1】、【0】；无名指的移动范围是【9】、【6】、【3】；中指的移动范围是【8】、【5】、【2】和小数点。

② 西文、数字混合录入指法

将手放在基本键位上，按常规指法录入。由于数字键离基本键位较远，弹击时必须遵守以基本键为中心的原则，依靠左右手指敏锐和准确的键位感，来衡量数字键离基本键位的距离和方位。每次要弹击数字键时，掌心略抬高，击键的手指要伸直。要加强触觉键盘位感应，迅速击键，击完后立即返回基本键盘位。

8. 符号键指法

符号键绝大部分处于上挡键位上，位于主键盘第一排及其右侧。因此，录入符号时应先按住上挡键 Shift 不动，再弹击相应的双字符键，输出相应的符号。击键时注意力要集中，动作协调且敏捷，击完后各手指要立即返回到相应的基本键位上。

9. 编辑键的使用

输入一段英文字母，然后用【Esc】，【BackSpace】，【Delete（Del）】，【Insert（Ins）】这几个键进行作废、删除和插入的操作。

【任务3】方法练习

1. 步进式练习

例如，先练习基本键位的【S】，【D】，【F】及【J】，【K】，【L】这几个键，做一批练习；再加入【A】键和【;】键一起练，再做一批练习；然后对基本键位的上、下排各键进行指法练习。

2. 重复式练习

练习中可选择一篇英文短文，反复练习一二十遍，并记录观察自己完成的时间，以及测试自己打字的速度，这种训练方式可以借助相关打字软件来练习（如我们后面介绍的金山打字通软件）。

3. 集中练习法

要求集中一段时间主要用来练习指法，这样能够取得显著的效果。

4. 坚持训练盲打

不要看键盘，可以放宽速度的要求，刚开始可以不要急于追求速度。

四、任务拓展

目前有许多键盘击键指法练习软件，例如北京金山软件公司的金山打字系列教育软件，金山打字主要由金山打字通和金山打字游戏两部分构成，是一款功能齐全、数据丰富、界面友好的、集打字练习和测试于一体的打字软件，通过利用这些软件的练习，不但可以培养练习兴趣，而且可以提高我们对键盘操作的技巧和速度。

（1）安装"金山打字2010"。

（2）运行"金山打字2010"软件，登录以后，进入初始界面，如图1-4所示。在界面上熟悉"金山打字2010"的操作项目，包括英文打字、拼音打字、五笔打字、速度测试、打字教程、打字游戏。英文打字分为键位练习（初级）、键位练习（高级）、单词练习和文章练习。在键位练习的部分，通过配图引导以及合理的练习内容安排，帮助用户快速熟悉、习惯正确的指法，由键位记忆到英文文章全文练习，逐步让用户盲打并提高打字速度。打字教程这个项目提供了相应的基础性打字指导，在进行打字练习之前，可以先进入这一项目进行学习，有助于提高打字练习的效率。

（3）在打开初始界面的同时，会出现"学前测试"对话框，如图1-5所示，询问使用者是否接受速度测试，测试内容又分为英文打字速度测试和中文打字测试两类。为了了解自己的打字速度情况，可以先进入学前测试，进行速度测试练习，则选中英文打字速度测试内容，然后单击"是"按钮。

（4）根据自身情况，有选择地自行练习各操作项目。在测试自己打字速度的同时，要尽快提高速度，并学会盲打。

（5）练习输入下面的英文文章，练习英文打字。

图 1-4 金山打字软件初始界面

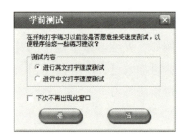

图 1-5 学前测试

The miser and his gold 守财奴

Once upon a time there was a miser. He hid his gold under a tree. Every week he used to dig it up.

One night a robber stole all the gold. When the miser came again, he found nothing but an empty hole.

He was surprised, and then burst into tears. All the neighbors gathered around him.

He told them how he used to come and visit his gold.

"Did you ever take any of it out?" asked one of them. "No," he said, "I only came to look at it." "Then come again and look at the hole," said the neighbor, "it will be the same as looking at the gold."

实 验 二 汉 字 输 入

一、实验目的

(1) 掌握一种汉字输入法。
(2) 掌握中/英文标点切换与输入、全角/半角的切换、软键盘的使用。
(3) 通过 Word 录入字符的训练,进一步熟练指法并提高打字速度。

二、实验说明

目前,汉字输入法有很多种。一般来说可以将汉字的输入法分为两类,即音形输入和字形输入,分别根据汉字的汉语拼音和汉字的字形来输入。常见的音形输入法有全拼输入法、双拼输入法、微软拼音输入法等;常见的字形输入法有五笔输入法、表形码输入法、郑码输入法等。对于每一类输入法来说,能快速且正确率高地输入汉字是其成功之处。

输入汉字不像输入英文字母那样简单。汉字的结构十分复杂,所以输入汉字需要一定的输入法软件来支持。输入法软件的任务是先将输入的键盘信息经过相应的编码处理，再在屏幕上显示出来。

微软拼音输入法是一种汉语拼音语句输入法，它是微软公司和哈尔滨工业大学联合开发的智能化拼音输入法，可以连续输入汉语语句的拼音，系统会自动选出拼音所对应的最可能的汉字，免去逐字逐词进行同音选择的麻烦。此输入法设置了很多特性，例如自学习功能、用户自造词功能等。经过一段很短的时间，微软拼音输入法便会适应用户的专业术语和句法习惯，这样就易于一次性成功输入语句，此输入法还支持南方模糊音输入和不完整输入等许多特性。

五笔字型作为专业打字员的第一选择，优势之一就是纯形码拆字，不考虑字的读音，即使不认识这个字也可以打出来。还有，打五笔熟练到一定程度，可以达到"眼见手拆"的境界，脑子里不用再考虑如何拆分它，也不用去考虑按了哪几个键，这样就能保证使用五笔可以长时间高效率的打字。

在本实验中，将采用"微软拼音输入法 2010"版本对微软拼音输入法进行相关相关内容的讲解。

三、实验任务及操作步骤

【任务 1】 微软拼音输入法的使用

1. 打开微软拼音输入法的状态条

① 单击屏幕底部任务栏上的输入法图标。

② 出现各输入法选择项，选择"微软拼音输入法 2010"项。

③ 出现微软拼音输入法的状态条。

微软拼音输入法 2010 的状态条上的项目从左至右依次为：输入风格切换、中/英文切换、全角/半角切换、中/英文标点符号切换、字符集切换、开启/关闭软键盘、开启/关闭输入板、功能菜单，如图 1-6 所示。

图 1-6 微软拼音输入法状态条

2. 输入法选择

微软拼音输入法可选择"全拼"或"双拼"输入方法。该方法可以进行整句输入，系统会自动选出拼音所对应的最可能的汉字。一般情况下输入拼音无需额外添加空格符。

3. 设置不完整拼音

对于较长的词组，当设置了不完整拼音时，只要输入每个汉字的汉语拼音的第一个字母，相应的词组即可列出，这样可以大大加快汉字的输入速度。

4. 字库补充

使用微软拼音输入法时，如果所输入的词组词库中没有，这时可以逐个字选择，当输入一次该词组后，该词组会自动地加入到字库中去，这样以后再输入该词组时，它会自动地出现在列表中。因此应该尽量地将自己常用的词组、短语或者专有名词作为词组整体输入。

5. 模糊拼音的使用

用鼠标左键单击微软拼音输入法状态条上的"功能菜单"按钮，或是右键单击输入法状态条，然后选择"输入选项"，进入"微软拼音输入法输入选项"对话框，单击"常规"选项卡，选中"模糊拼音"选项。

在"微软拼音输入法输入选项"对话框中，按下"模糊拼音设置"按钮，弹出"模糊拼音设置"对话框，可以自行选择所需要的模糊音对应。

单击"确认"后，系统将按我们自定义的模糊拼音处理输入的拼音。

6. 音节切分符的使用

微软拼音输入法使用空格或单引号"'"作为音节切分符。由于汉语拼音中存在一些没有声母的字，即零声母字，在语句输入时，这些零声母字往往会影响输入的效果。使用音节切分符可以解决这类麻烦。

同学们可以输入"平安"这个词进行练习，体会音节切分符的作用：输入拼音"ping an"，中间加一个空格；或输入拼音"ping'an"，中间加一个单引号，这样"平安"这个词便会很容易地生成了。

7. 自造词功能和自学习功能的使用

自造词和自学习两个功能相辅相成。

使用自造词功能，不仅可以定义输入法主词典中（不包括专业词库）没有收录的词语，还可以为常用短语、缩略语定义快捷键，以提高输入速度。微软拼音输入法 2010 支持两类自造词：一类是能用拼音输入的由 2~9 个汉字构成的标准自造词；另一类是扩展的自造词，只能用快捷键输入，可由汉字、英文字母和标点符号等构成（但不能包含空格、制表符及其他控制字符），最多由 255 个字符组成。

使用自学习功能，能够令经过纠正的错字、错误重现的可能性减小。微软拼音输入法 2010 的自学习功能，与以前版本相比，有了很大的改进：不仅加强了学习能力，也提高了学习速度，还可以像编辑自造词那样来编辑自学习的词语。

① 使用自造词

首先打开"输入选项"对话框：用鼠标左键单击微软拼音输入法状态条上的"功能菜单"按钮，或是右键单击输入法状态条，然后选择"输入选项"。

单击"语言功能"选项卡，在"用户功能"下选中"自造词"复选框，单击"确定"按钮。

如果要清除自造词，则首先同样打开"输入选项"对话框，再单击"语言功能"选项卡，在"用户功能"下单击"清除所有自造词"按钮，在弹出的确认对话框中单击"确定"按钮。

② 使用自学习

打开"输入选项"对话框，再单击"语言功能"选项卡，在"用户功能"下选中"自学习"复选框，单击"确定"按钮。

清除自学习内容的步骤与清除"自造词"步骤类似。打开"输入选项"对话框，单击"语言功能"选项卡，在"用户功能"下单击"清除自学习内容"按钮，在弹出的确认对话框中，单击"确定"按钮。

图 1-7 即为"微软拼音输入法输入选项"对话框，在此对话框中便可以进行"自学习"和"自造词"功能的选择。

8. 输入"欢迎使用微软拼音输入法"

在打开微软拼音输入法状态条后，便可以使用微软拼音输入法来录入字句。例如，在微软拼音输入法新体验输入风格下，来输入这样一句话："欢迎使用微软拼音输入法"。

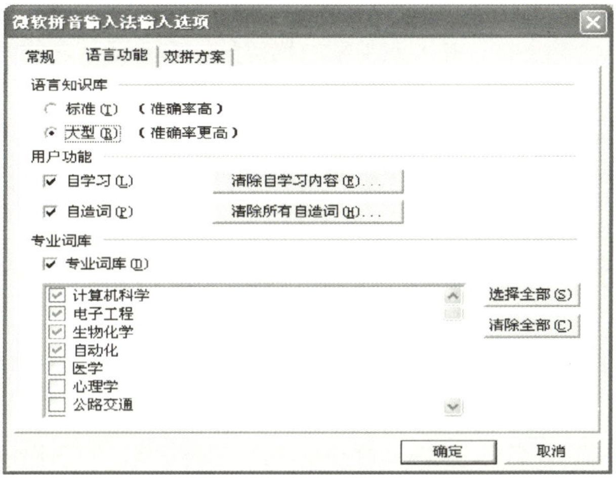

图 1-7 输入选项对话框

首先连续输入"欢迎使用微软拼音输入法"这几个字的拼音。在输入窗口中，虚线上的汉字是输入拼音的转换结果，下划线上的字母是正在输入的拼音，可以按左右方向键定位光标来编辑拼音和汉字。

拼音下面是候选窗口，1 号候选用蓝色显示，是微软拼音输入法对当前拼音串转换结果的推测，如果正确，可以按空格或者用数字"1"来选择，其他候选列出了当前拼音可能对应的全部汉字或词组。在候选窗口中若没有我们所要的汉字时，可以用【+】、【】】、【Page Up】键往后取词，用【-】、【【】、【Page Down】键往前取词，或用光标单击候选窗口右端的翻页按钮，直到找到所要的词。

如果输入窗口中的转换内容全都正确，按空格或者回车确认。下划线消失，输入的内容便传递给了编辑器，便完成了这句话的输入。

9. 软键盘的使用

启用软键盘有以下两种方法：

- 用鼠标左键单击微软拼音输入法状态条上的软键盘按钮（当然，软键盘按钮也同样出现在其他汉字输入法的状态条上），则弹出一个软键盘，再次单击输入法工具栏上的软键盘，软

图 1-8 软键盘布局

键盘则撤销。

- 用鼠标单击微软拼音输入法状态条上的"功能菜单"按钮,出现一个菜单,选择"软键盘",产生一个含有 13 种软键盘类型(如 PC 键盘、希腊字母、俄文字母、注音符号等)的选择菜单,如图 1-8 所示,选择类型后,弹出的软键盘就是所选类型的软键盘。

软键盘的操作使用和硬件键盘一样,键盘上也分上下挡,若要输入某上挡字符,用鼠标先单击选中【Shift】键,再单击该上挡字符所在的按钮,则该上挡字符输入到文本中。当然,也可以将硬件键盘和软键盘配合使用,一手按住硬件键盘上的【Shift】键,再用鼠标单击上挡字符所在的按钮,则该上挡字符输入到文本中。

请进入记事本输入状态,选择不同类型的软键盘,对软键盘上所能表达的各种符号进行输入练习。

10. 手写输入板的使用

微软拼音输入法还集成了手写识别输入的功能。单击微软拼音输入法状态条上的"开启/关闭输入板"按钮,即出现"输入板-手写识别"窗口。

使用鼠标或光笔等输入设备,在"输入板-手写识别"窗口左侧空白的手写区内写入字符,只要所写的字符与原字的笔画相差不多,一般都能识别出来,且识别速度较快。中部的列表框中便列出检索到的最为接近的字符,单击选中的字符即可输入。此时手写区自动清空,等待下一个字的输入。

按住鼠标左键并拖动出笔画轨迹,放开左键即写完一笔,同学们可以在左侧空白的手写区内写入"学"字,来进行相应练习,如图 1-9 所示。而单击"清除"按钮时则清除手写区的内容。

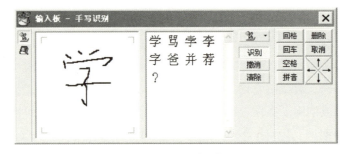

图 1-9　手写输入板

通过"输入板-手写识别"窗口中的"切换手写输入/手写检索"按钮,即单击候选字窗口右侧的图标按钮,可以进行"手写检索"和"手写输入"功能的切换。

使用"手写输入"功能,可以省掉选字这个步骤。单击"切换手写输入/手写检索"按钮后,弹出一个下拉菜单,从中选择"手写输入"选项,此时手写板的候选字窗口变成另外一个空白的手写区。可以交替地在这两个空白的手写区里写字,系统会自动连续识别写入的字符。请同学们自行练习。

四、任务拓展

在 Word 文档里，选择一种输入法进行汉字输入练习

（1）在 Windows 7.0 环境下启动 Word 2010 的方法：

利用"开始"按钮：单击"开始"，选择并单击 Microsoft Word 项，则启动 Word 2010。

使用桌面的 Word 2010 的快捷图标：双击 Word 2010 快捷图标，Word 2010 应用程序启动，便自动打开一个新文档。但使用这种方法的前提是：桌面上必须存在 Word 2010 的快捷图标。

执行 Winword.exe 文件：在 Microsoft Office 的路径下，查找 Winword.exe 文件，然后用鼠标双击该文件，则启动 Word 2010。

（2）在 Windows 7.0 环境下关闭 Word 2010 窗口的方法：

单击菜单栏上右端的"关闭窗口"按钮。

选择菜单栏上的"文件"菜单项，出现下拉菜单，选择"关闭"。

（3）在 Windows 7.0 环境下退出 Word 2010 应用程序的方法：

单击标题栏右端的"关闭"按钮。

选择菜单栏上的"文件"菜单项，出现下拉菜单，选择"退出"。

单击标题栏最左端图标或右键单击标题栏，出现快捷菜单，选择"关闭"。

（4）录入字符

启动 Word 2010，新建一个 Word 文档，输入下面的文章《字符录入技巧》，根据文章练习大小写字母、数字、标点符号、汉字的输入，进一步熟练指法，并提高自己的打字速度，输入完成后，单击"保存"按钮，将文件以"××班×××的字符录入.doc"为文件名保存到桌面。

字符录入技巧

（1）大小写字母的切换

电脑上大写输入，按【Caps Lock】（大写锁）键，键盘右上角，中间指示灯亮，此时输入即是大写；再按一次【Caps Lock】（大写锁）键，取消大写，指示灯熄灭。请输入大小写字母练习：26 个英文字母大写是：A、B、C、D、E、F、G、H、I、J、K、L、M、N、O、P、Q、R、S、T、U、V、W、X、Y、Z；26 个英文字母小写是：a、b、c、d、e、f、g、h、i、j、k、l、m、n、o、p、q、r、s、t、u、v、w、x、y、z。

（2）输入法的切换

电脑中英文切换方法如下：【Ctrl+空格】——切换中英文输入法；【Ctrl+Shift】——切换输入法，有些输入法，按一下【Shift】键会关闭中文输入状态，进入英文输入状态，再按一次会回到中文输入状态，请输入：Find the Beauty Around You 发现身边的美。

(3) 数字、中英文标点符号的输入

标点符号（中英文切换）是【ctrl+.】，全半角切换的快捷键是【Shift+空格】。顿号是中文输入才可，即键盘上的【\】，输入数字上方的标点符号请按住【Shift】上档键。请输入以下字符：①数字字符：全角01234和半角56789；②英文标点:!@#$%^&*(),.<>/":?+_=;③中文标点:！·#￥%……—*（）——、《》？,。

(4) 软键盘的使用

电脑上的软键盘怎么用？切换到一种中文输入法，右键点右下的输入法状态栏上面的键盘图标，选择PC键盘，然后就可以手动用鼠标点软键盘输入字符：①常用符号的输入，右键点击键盘图标，选择常用符号，输入:‰§αβγ×÷□◇△○☆｜；②特殊符号的输入，右键点击键盘图标，选择特殊符号，输入：§☆★○●◎‰※¤　；③标点符号的输入，右键点击键盘图标，选择标点符号，输入:,、;:?!…—·¨''""；④数字序号的输入，右键点击键盘图标，选择数字序号输入：(1)(2)(3)(4)①②③④ⅠⅡⅢⅣ；⑤数学符号的输入，右键点击键盘图标，选择数学符号输入：∫∮∝∞∑∏∈∠；⑥拼字符号的输入，右键点击键盘图标，选择拼字符号输入：āáǎà。

(5) 汉字的输入

①拼音输入法：分为全拼，智能ABC，双拼，优点是知道汉字的拼音就能输入汉字，适合中小学生使用，由于英文字母中没有汉语拼音中的ü，因此适用v来代替。例如：中华人民共和国=zhong hua ren min gong he guo；纪律严明=ji lv yan ming。Windows系统内置了拼音输入法，在Vista中还集成了微软拼音输入法2003，该版本由中国哈尔滨工业大学和微软公司联合开发，具有强大的智能输入功能还收集了许多新词组，是拼音用户的首选。②五笔字型输入法：由我国的王永明教授开发，现在已经被微软公司收购，微软公司经过升级后提供86和98两种版本，大家常用的是86版，五笔字型的优点是无需知道汉字的拼音。

第2章
Windows 7 操作系统

实验一　Windows 7 基本操作

一、实验目的

（1）掌握 Windows 7 个性设置。
（2）掌握 Windows 7 控制面板的使用。
（3）掌握 Windows 7 附件的使用。
（4）Windows 7 磁盘操作。

二、实验内容

（1）设置桌面主题、屏幕保护程序、隐藏通知区域图标、资源管理器和网络设置。
（2）Windows 帐号的创建、删除和家长控制。
（3）记事本、写字板、画图和计算器等 Windows7 附件的使用。
（4）Windows7 创建新分区、磁盘格式化、删除硬盘分区。

三、实验任务及操作步骤

【任务1】控制面板的使用

1. 设置 Windows 7 个性桌面主题

① 右击桌面空白处，选择"个性化"，如图 2-1 所示。

图 2-1　个性化设置

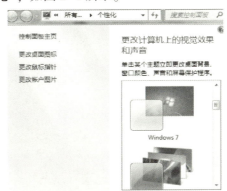

图 2-2　系统主题

② 在"更改计算机上的视觉效果和声音"中选择如图 2-2 所示的系统中的一个主题，单击预览。

③ 自己的个性化设置保存为主题，如图 2-3 所示。

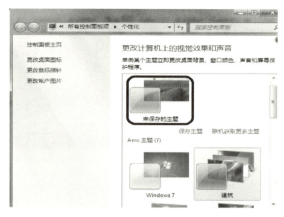

图 2-3　保存为主题

2. Windows7 个性任务栏设置

① 右击任务栏空白处，选择"属性"，如图 2-4 所示。

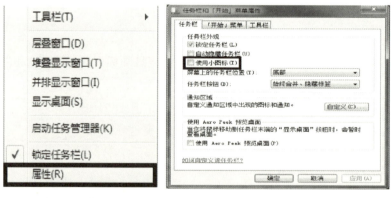

图 2-4　任务栏属性　　　　图 2-5　切换成小图标

② 在"任务栏"选项卡中，勾选图 2-5 所示"使用小图标"，就可将任务栏切换为小图标，效果如图 2-6 所示，如果在图 2-5 中修改"屏幕上的任务栏位置"为左侧，则图 2-7 所示为任务栏移到桌面左侧垂直排列的效果。

图 2-6　任务栏小图标效果　　　　图 2-7　任务栏图标左侧排列

3. 设置个性化屏幕保护

① 在 Windows 7 系统桌面上，单击鼠标右键，在弹出的快捷菜单中选择"个性化"菜单项。

② 在弹出如图 2-8 所示的"个性化"窗口，单击窗口右下方如图 2-9 所示的"屏幕保护程序"链接项。

图 2-8 设置桌面属性　　　　　　　　图 2-9 设置屏幕保护程序

③ 弹出"屏幕保护程序设置"对话框，在"屏幕保护程序"中单击下拉按钮，选择准备使用的屏幕保护效果，如"彩带"。在"等待"微调框中调节屏保需要的时间，如"1 分钟"，如图 2-10 所示。单击"确定"按钮。

图 2-10 设置屏保风格

屏幕保护效果将在已设置的屏保时间，如"一分钟"后，无人操作的情况下出现，会出现如图 2-11 所示的效果，这样屏幕保护程序设置已经成功完成。

图 2-11　屏保启动效果

4. 隐藏通知区域图标

右击任务栏，在弹出的快捷菜单中单击"属性"菜单项，如图 2-12 所示。

① 打开"任务栏和开始菜单属性"对话框，单击选择"任务栏"选项卡。在"通知区域"中，单击如图 2-13 所示的"自定义"按钮。

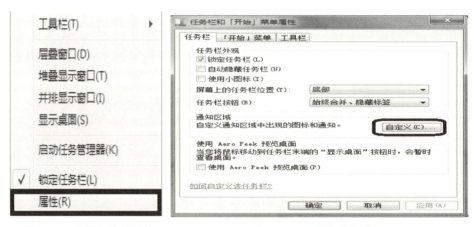

图 2-12　设置任务栏属性　　　　图 2-13　设置自定义选项

② 弹出"通知区域图标"窗口，单击需要隐藏图标的下拉列表框如图 2-14 所示的音量图标，选择"隐藏图标和通知"选项。单击"确定"按钮。

③ 通知区域中的音量图标 不在任务栏中显示，这样即可隐藏通知区域图标，效果如图 2-15 所示。

5. 使用资源管理器

"资源管理器"是 Windows 操作系统提供的资源管理工具，是 Windows 的精华功能之一。可以通过资源管理器查看计算机上的所有资源，能够清晰、直观地对计算机上各种文件和文件夹进行管理，如图 2-16 所示。

图 2-14 隐藏音量图标

图 2-15 隐藏效果

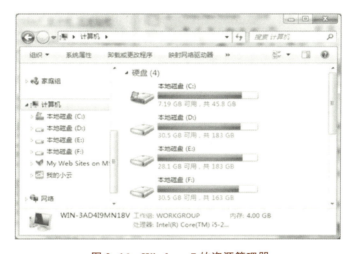
图 2-16 Windows 7 的资源管理器

Windows 7 的菜单栏组织方式发生了很大的变化或者说是简化，如图 2-17 所示，一些功能被直接作为顶级菜单而置于菜单栏上，如刻录、新建文件夹功能。

图 2-17 Windows 7 的菜单栏

此外，Windows 7 不再显示工具栏，一些有必要保留的按钮则与菜单栏放在同一行中。如视图模式的设置，单击 按钮后即可打开调节菜单，在多种模式之间进行调整，包括 Windows 7 特色的大图标、超大图标等模式。在地址栏的右侧，可以再次看到 Windows 7 无处不在的搜索。在搜索框中输入搜索关键词后回车，立刻就可以在资源管理器中得到搜索结果，搜索速度快，搜索过程的界面也很出色，如图 2-18 所示。

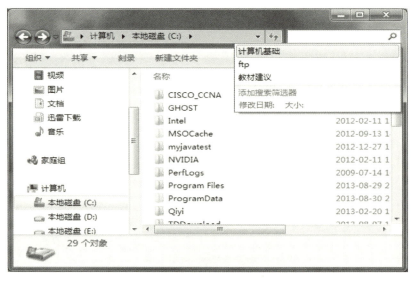

图 2-18　在资源管理器中使用搜索

6. 设置网络连接

在 Windows 7 中，网络的连接变得更加容易、更易于操作，它将几乎所有与网络相关的向导和控制程序聚合在 "网络和共享中心" 中，通过可视化的视图可以轻松连接到网络。

① 有线网络连接。单击 ，单击 "打开网络和共享中心"，进入网络和共享中心，如图 2-19 示。单击 "本地连接" → "属性"，选择 "Internet 协议版本 4"，单击 "属性"，打开 "Internet 协议版本 4 属性" 窗口，在其中设置 IP 地址。

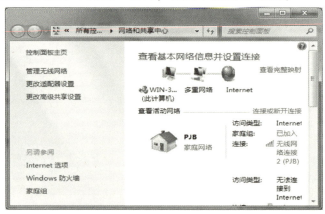

图 2-19　网络和共享中心

② 无线网络连接。在"网络和共享中心"界面上，单击"更改您的网络设置"中的"新建连接向导"，然后在"设置连接或网络"界面中单击"连接到 Internet"，如图 2-20 所示。

图 2-20　设置连接或网络

接下来依据用户的网络类型，小区宽带或者 ADSL 用户，选择"宽带（PPPoE）"，然后输入用户的用户名和密码后即可。

当用户启用无线网卡时，单击系统任务栏托盘区域网络连接图标，系统就会自动搜索附近的无线网络信号，所有搜索到的可用无线网络就会显示在上方的小窗口中。每一个无线网络信号都会显示信号信息，如果将鼠标移动上去，还可以查看更具体的信息，如名称、强度、安全类型等。如果某个网络是未加密的，则会多一个带有感叹号的安全提醒标志，如图 2-21 所示。选择要连接的无线网络，然后点单击"连接"按钮即可。

图 2-21　搜索到的无线网络信号

【任务 2】帐户管理

帐户管理是 Windows 7 管理的一项重要内容，掌握新帐号的创建、修改、删除以及帐户控制,是实现 Windows 7 高效管理重要环节。通过完成以下子任务能有助于掌握 Windows 7 系统下的帐户管理:

(1) 创建一个名为"考拉"的帐户,并对其进行创建密码、更改头像等操作。

(2) 启用"考拉"帐户的家长控制,并设置该帐户的使用时间为 9:00—19:00。

(3) 将名为"考拉"的帐户删除,并保存该帐户下的文件。

任务实现步骤如下:

1. 创建并设置标准帐户

① 选择"开始"→"控制面板"命令,打开"控制面板"窗口,单击"添加或删除用户帐户"超链接。

② 打开"管理帐户"窗口,单击窗口中的"创建一个新帐户"超链接。

③ 打开"创建新帐户"窗口,在"新帐户名"文本框中输入"考拉"文本内容,其他选项保持默认设置不变,如图 2-22 所示,单击"创建帐户"按钮。

④ 返回"管理帐户"窗口,新创建的"考拉"帐户将显示在该窗口中,如图 2-23 所示。

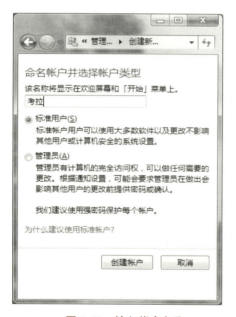

图 2-22 输入帐户名称

图 2-23 显示"考拉"帐户

⑤ 单击该帐户选项,打开"更改帐户"窗口,单击"创建密码"超链接,如图 2-24 所示。打开"创建密码"窗口,在"新密码"文本框中输入密码,然后在"确认新密码"文本框中输入相同的密码,单击"创建密码"按钮,如图 2-25 所示。

⑥ 返回"更改帐户"窗口,"考拉"帐户显示为密码保护,单击"更改图标"超链接,打开"选择图片"窗口,在窗口中选择图片,这里选择"小狗"图片选项,如图 2-26 所示,单击"更改图片"按钮,返回"更改帐户"窗口,该帐户显示为标准帐户,受密码保护,并且显示名称为"考拉"如图 2-27 所示,最后关闭窗口,完成所有操作。

图 2-24 "更改帐户"窗口　　　　　图 2-25 设置密码

图 2-26 帐户图片选择　　　　　图 2-27 "更改帐户"窗口

2．设置家长控制

① 使用管理员帐户登录系统，选择"开始"→"控制面板"命令，打开"控制面板"窗口，单击"添加或删除用户帐户"超链接，打开"管理帐户"窗口。

② 单击"考拉"帐户选项，打开"更改帐户"窗口，单击"设置家长控制"超链接，打开"家长控制"窗口，单击"考拉"帐户选项，打开该帐户的"用户控制"窗口，选中"启用，应用当前设置"单选按钮，该窗口将显示设置家长控制内容选项为有效，如图 2-28 所示。

③ 单击"时间限制"超链接，打开"时间限制"窗口，通过拖动鼠标，允许该帐户使用电脑的时间为星期六的 9：00—19：00，如图 2-29 所示，单击"确定"按钮。

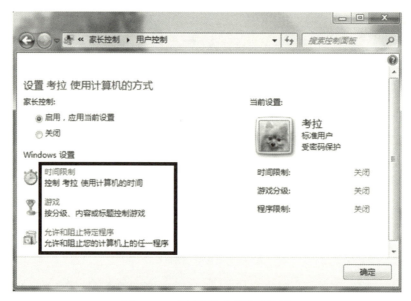

图 2-28　启用该帐户的家长控制

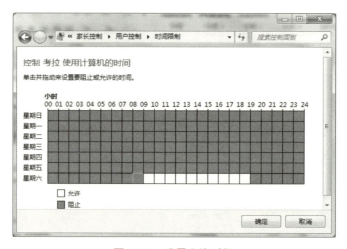

图 2-29　设置允许时间

3. 删除帐户并保留文件

① 使用管理员帐户登录系统，选择"开始"→"控制面板"命令，打开"控制面板"窗口，单击"添加或删除用户帐户"超链接，打开"管理帐户"窗口。

② 单击"考拉"帐户选项，打开"更改帐户"窗口，单击"删除帐户"超链接，在弹出的窗口中单击"保留文件"，则将名为"考拉"的帐户删除，并保存该帐户下的文件，如图 2-30 所示。

【任务3】Windows 7 附件的使用

在 Windows 7 操作系统中，开始菜单的"附件"选项下有不少实用的小工具，许多都是常常使用的，比如记事本、写字板、计算器、画图……这些系统自带的工具虽然体积小巧、功能简单，但是却常常发挥很大的作用，让使用电脑更便捷、更有效率。

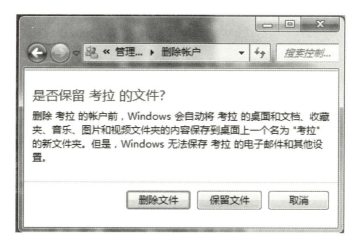

图 2-30　保留文件

1. 记事本

在开始菜单"附件"中打开记事本程序,除了精简的菜单项外,就只有纯文本文字编辑区,它既可以编辑文本文件也可以编辑程序文件,保存时在保存类型下拉列表框选择"所有文件",文件名命名时加上扩展名,如图 2-31 所示。

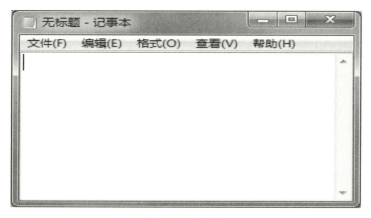

图 2-31　记事本

2. 写字板

写字板是 Windows 7 系统中自带的、更为高级的文字编辑工具,相比记事本,它具备了格式编辑和排版的功能。新的写字板采用了 Office 2010 的元素——Ribbon 菜单。通过这种新的界面,写字板的主要功能在界面上方一览无余,可以很方便地使用各种功能,对文档进行编辑、排版。写字板中一共有两个 Ribbon 菜单项,在"查看"中,可以为文档加上标尺或者放大、缩小功能,也可以更改度量单位等,如图 2-32 所示。

3. 画图

与写字板一样,Windows 7 中全新的"画图"也引入了 Ribbon 菜单,从而使得这个小工具的使用更加方便。此外,新的画图工具加入了不少新功能,如刷子功能,可以更好地

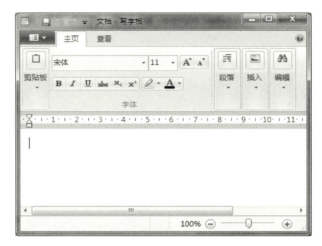

图 2-32　写字板采用了 Ribbon 菜单

进行"涂鸦",而通过图形工具,可以为任意图片加入设定好的图形框、五角星图案、箭头图案以及用于表示说话内容的气泡框图案。这些新的功能,使得画图程序更加实用,如图 2-33 所示。

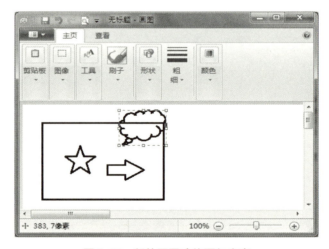

图 2-33　新的画图功能更加丰富

4. 计算器

打开计算器的"模式"菜单,便可见到它的丰富功能。除了原先就有的科学计算器功能外,新的计算器还加入了编程和统计功能。除此之外,它还具备了单位转换、日期计算及贷款、租赁计算等实用功能,如图 2-34 所示。

通过单位换算功能,可以将面积、角度、功率、体积等的不同计量进行相互转换;日期计算功能可以很轻松地帮助计算倒计时等;单击"查看"→"工作表",可以帮助计算贷款月供额、油耗等非常贴近生活的功能。

5. Windows 7 库

可以将 Windows 7 的"库"理解为一个特殊的文件夹,可以向其中添加硬盘上任意的

图 2-34 计算器的"模式"菜单

文件夹,但是这些文件夹及其中的文件实际还是保存在原来的位置,并没有被移动到"库房"中,只是在"库"中"登记"了它的信息并进行索引,添加一个指向目标的"快捷方式",以方便对存储在硬盘中各个位置的文档、图片、视频、音频等资源进行统一管理,提高工作效率。双击"计算机"打开资源管理器,在左侧的列表中就可以看到"库"了。它默认包含了视频、图片、文档和音乐 4 个库,可以向其中导入各种文件和文件夹,当然,也可以根据需要创建新的库,如图 2-35 所示。

图 2-35 Windows 7 的"库房"

打开"库"的文件夹,如图 2-36,然后在右侧的浏览区域右击,依次选择"新建"→"库",输入库的名称后即可成功创建自己的新库了。双击进入新建的库,可以立即设置一个库所包括的文件夹,单击"包括一个文件夹"按钮,可将所希望导入的文件夹包含进来。

图 2-36 进入新建立的库

如图 2-37 所示，随时可以打开库的属性窗口，在其中对库的类别进行优化选择，也可以在此再次设置库所包含的文件夹，向其中同时添加多个存储在各个分区中的文件夹。

图 2-37 库房属性设置

用户还可将库的名称和类别分别设置为"我的音乐"和"音乐"，并导入硬盘分区中"My Music"和"蔡依林"两个音乐资源文件夹。此时，在左侧的库房列表中，可以看到新建的库及导入的文件夹列表，所有的层级关系以树状显示，一目了然。单击其中的节点来查看其中的文件，这样硬盘上不同位置的文件夹和文件都可以汇聚一起统一管理了。在右侧的文件列表中，可以看到每个文件的简要信息；这里因为将库的类别设置为音乐，且为歌曲文件，因此可以看到诸如"参与创作的艺术家""唱片集"这样的信息，如图 2-38 所示。

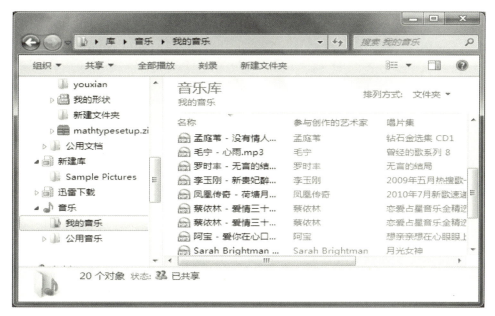

图 2-38　包含文件夹后的库房

【任务 4】Windows 7 磁盘操作

1. Windows 7 系统创建新分区（卷）

若要在硬盘上创建分区或卷（这两个术语在 Windows 7 或者 Server 2008 年版本中可以互换使用），以管理员身份登录，并且硬盘上有未分配的磁盘空间或者在硬盘上的扩展分区内必须有可用空间。如果没有未分配的磁盘空间，则可以通过收缩现有分区、删除分区或使用第三方分区程序创建一些空间。

① 右击"计算机"，再单击"管理"选项（如果系统提示您输入管理员密码或进行确认，请键入该密码或提供确认），如图 2-39 所示。

图 2-39　计算机管理

② 在左侧窗格中的"存储"下面，单击"磁盘管理"，如图 2-40 所示。

图 2-40　磁盘管理界面

③ 右击硬盘上未分配的区域，然后单击"新建简单卷"，如图 2-41 所示。
④ 在"新建简单卷向导"中，单击"下一步"，如图 2-42 所示。

图 2-41　新建磁盘卷

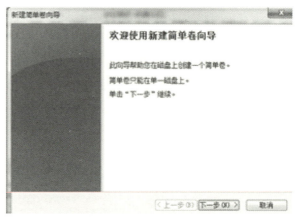

图 2-42　新建磁盘卷向导

⑤ 键入要创建的卷的大小（MB）或接受最大默认大小，然后单击"下一步"，如图 2-43 所示。
⑥ 接受默认驱动器号或选择其他驱动器号以标识分区，然后单击"下一步"，如图2-44 所示。

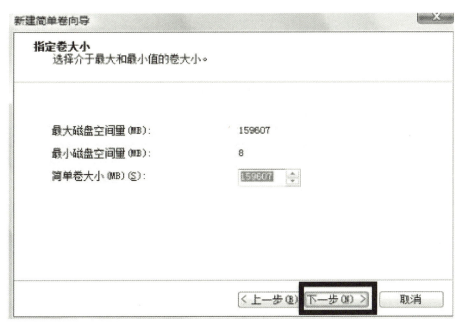

图 2-43　设置磁盘大小

图 2-44　分配驱动器号

⑦ 在"格式化分区"对话框中，执行下列操作之一：不想立即格式化该卷，请单击"不要格式化这个卷"，然后单击"下一步"，如图 3-45 所示。想立即格式化该卷，请单击"按下列设置格式这个卷"，选择文件系统，分配单元大小，确定是否需要格式化，单击"下一步"，如图 2-46 所示。

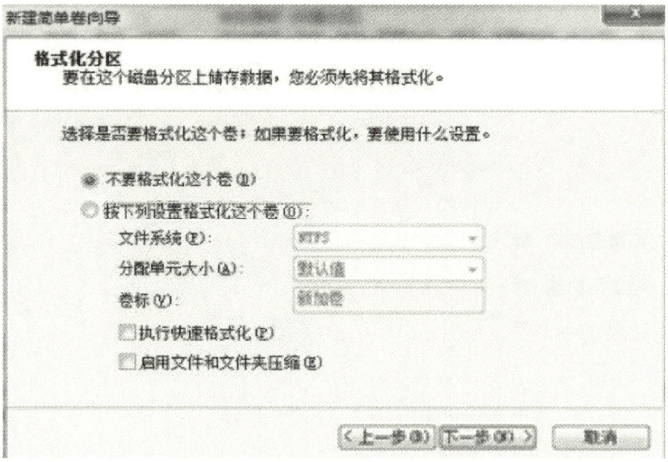

图 2-45　不要格式化这个卷

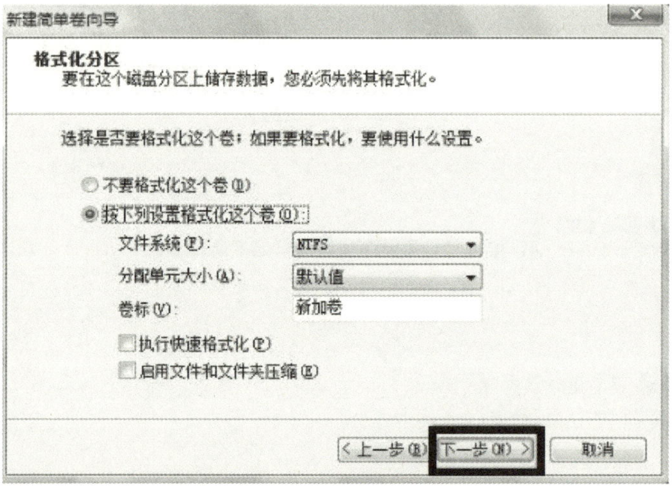

图 2-46　默认设置格式化

⑧复查您的选择，然后单击"完成"，如图 2-47 所示。

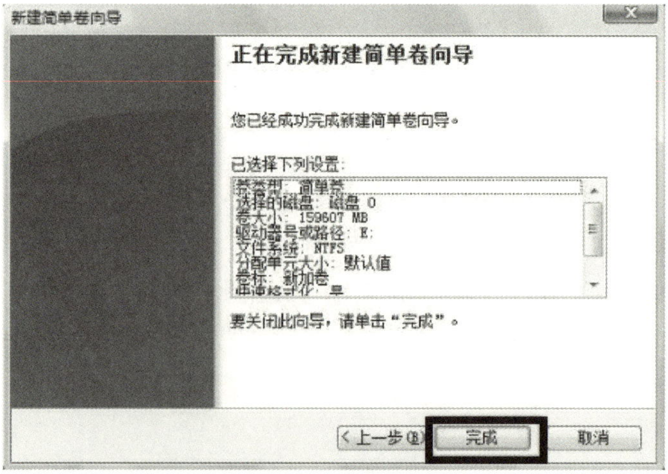

图 2-47　完成设置

2. Windows 7 系统格式化现有分区（卷）

① 右击"计算机"，在出现的对话框中单击"管理"（如果系统提示您输入管理员密码或进行确认，请键入该密码或提供确认），如图 2-48 所示。

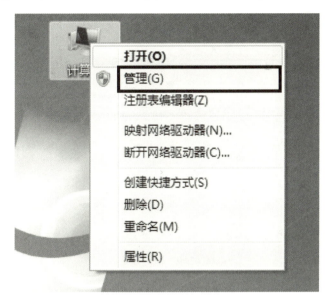

图 2-48 管理界面

② 在左窗格中的"存储"下面，单击"磁盘管理"，如图 2-49 所示。

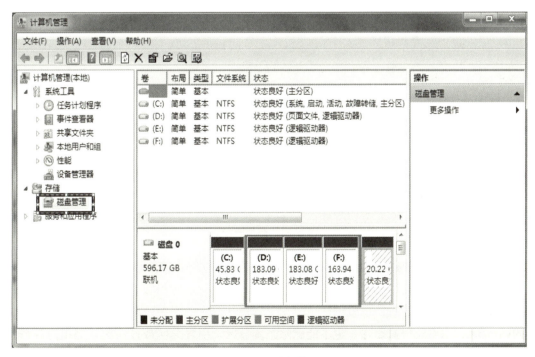

图 2-49 磁盘管理

③ 右击要格式化的卷，然后单击"格式化"，如图 2-50 所示。

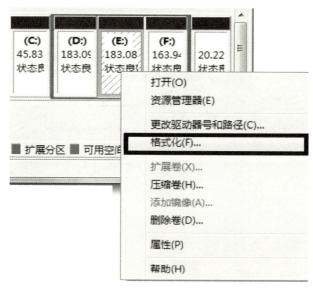

图 2-50　格式化卷

④ 若要使用默认设置格式化卷，请在"格式化"对话框中，单击"确定"，如图 2-51 所示。

图 2-51　添加卷标

3. Windows 7 系统删除硬盘分区

删除硬盘分区必须以管理员身份进行登录，才能执行这些步骤。

删除硬盘分区或卷时，也就创建了可用于创建新分区的空白空间。如果硬盘当前设置为单个分区，则不能将其删除。也不能删除系统分区、引导分区或任何包含虚拟内存分页文件的分区（因为 Windows 7 需要此信息才能正确启动）。

① 右击"计算机"，在出现的对话框中单击"管理"（如果系统提示您输入管理员密

码或进行确认，请键入该密码或提供确认）。

② 在左侧窗格中的"存储"下面，单击"磁盘管理"，如图 2-52 所示。

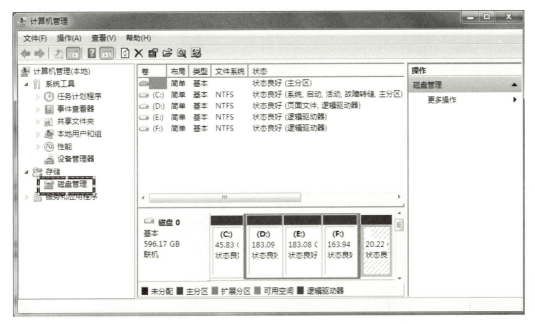

图 2-52　磁盘管理

③ 右击要删除的卷（分区或逻辑驱动器），然后单击"删除卷"，如图 2-53 所示。

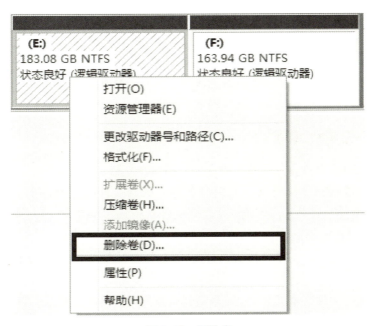

图 2-53　删除卷

④ 单击"是"删除该卷，完成操作。

四、任务拓展

（1）查看本机磁盘分区信息。在"控制面板"中以图标方式查看，依次选择"管理工具"—"计算机管理"选项，打开"计算机管理"对话框，单击"磁盘管理"列表项。查看本机磁盘的分区情况，并记录如下信息：

分区数目为：_____、每个分区的大小分别为：_____。

每个分区已用空间分别为：_____；每个分区可用空间分别为：_____。

（2）查看计算机的基本信息，右击"计算机"图标，选择"属性"命令，在弹出的对话框中查看有关计算机的基本信息：系统软件配置中处理器和内存的参数，计算机名称。

（3）利用"附件"中的"画图"程序，绘制一幅图像。通过该软件提供的工具按钮学会设置前景和背景颜色，绘制多种圆、椭圆、矩形、直线等基本图案，并将该文件以 test.bmp 为文件名保存到"D:\专业班级—学号"的文件夹中。

实验二　Windows 7 文件管理操作

一、实验目的

文件和文件夹是 Windows 7 系统中的重要内容，文件和文件夹的创建、修改、删除等是 Windows 7 系统学习必须掌握的基本操作。

二、实验内容

（1）文件和文件夹的创建、重命名，移动、复制、修改、删除操作。
（2）文件搜索、文件夹属性设置和创建快捷方式。

三、实验任务及操作步骤

【任务 1】文件夹和文件的新建、重命名、移动、复制、删除

（1）在 D 盘新建三个文件夹，分别命名为"我的文件""我的照片"和"我的视频"，在"我的文件"文件夹中创建三个文本文件 file1.txt、file2.txt、file3.txt。

（2）将 file1.txt 更名为"my.doc"。

（3）将"我的文件"文件夹移动到 E 盘，将"我的照片"文件夹复制到 E:\"我的文件"文件夹目录下。

（4）将"我的文件"中的 file1.txt 删除到回收站中，再将其恢复，将 file2.txt 从磁盘上彻底删除。

任务执行的步骤如下：

1. 创建文件和文件夹

① 双击"计算机"图标，打开"计算机"窗口，通过文件夹窗格打开 D 盘窗口，然

后单击工具栏中的 新建文件夹 按钮,如图 2-54 所示。

图 2-54 新建文件夹

② 此时在新建文件夹的"名称"文本框中直接输入"我的文件"文本内容,完成新建文件夹的操作,用同样的方法再新建两个文件夹,分别命名为"我的照片"和"我的视频",如图 2-55 所示。

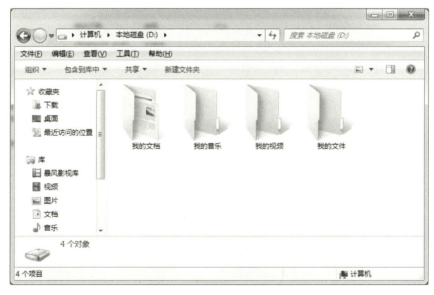

图 2-55 新建文件夹命名

③ 双击打开"我的文件"文件夹,右击鼠标,在弹出的快捷菜单中选择"新建"→"文本文档"命令,出现新建的文件图标,输入文件名"file1.txt",然后在窗口空白位置单击即可。使用同样的方法创建 file2.txt 和 file3.txt 文件,如图 2-56 所示。

图 2-56 新建文本文件

2. 重命名文件或文件夹

先观察文本文件"file1"的扩展名 .txt 是否显示，如果扩展名隐藏，单击工具栏中的"组织"按钮，在弹出的菜单中选择"文件夹和搜索选项"命令，弹出"文件夹选项"对话框，使"隐藏已知文件类型的扩展名"复选框处于未选中状态，如图 2-57 所示。

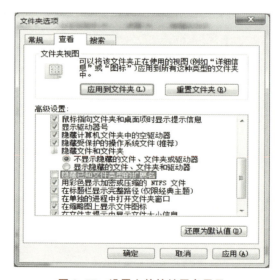

图 2-57 设置文件的扩展名显示

① 右击"file1.txt"文本文件，在弹出的快捷菜单中选择"重命名"命令。也可以在文件名上单击选中，再单击进入编辑文件名状态。

② 此时"file1"文件的名称文本框呈可编辑状态,将文件名"file.txt"更名为"my.doc"文本内容后,单击窗口空白处或按 Enter 键完成重命名操作。

3. 移动文件或文件夹

① 通过文件夹窗格打开 D 盘,右击"我的文件"文件夹,在弹出的快捷菜单中选择"剪切"命令或按【<Ctrl+X>】快捷键,被剪切后的文件与被选中前相比呈浅色显示。

② 打开 E 盘窗口,在空白区单击鼠标右键,在弹出的快捷菜单中选择"粘贴"命令,或按【Ctrl+V】快捷键完成移动文件夹操作。

4. 复制文件或文件夹

① 通过文件夹窗格打开 D 盘,右击"我的照片"文件夹,在弹出的快捷菜单中选择"复制"命令,或按【<Ctrl+C>】快捷键,被复制后的文件与被选中前相比无明显变化

② 打开 E 盘窗口,双击"我的文件",打开"我的文件"文件夹在空白区单击鼠标右键,在弹出的快捷菜单中选择"粘贴"命令,或按【Ctrl+V】快捷键完成复制文件夹操作。

5. 删除文件或文件夹

① 通过文件夹窗格打开"我的文件"文件夹。

② 选择"file1"文件,然后单击工具栏中的 组织▼ 按钮,在弹出的菜单中选择"删除"命令,如图 2-58 所示。

③ 在系统自动打开的"删除文件夹"提示对话框中,单击"是"按钮,如图 2-59 所示,返回到"我的文件夹"窗口中,可发现该文件夹已经被删除。

图 2-58 执行删除操作　　　　　　　　　图 2-59 确认删除

④ 双击"回收站"图标,打开"回收站"窗口,选择"file1"文件,单击鼠标右键,在弹出的快捷菜单中选择"还原"命令,如图 2-60 所示,完成还原文件夹的操作。

⑤ 打开"我的文件"文件夹,选中"file2"文件,按【Shift+Delete】键,然后在打开的对话框中单击"是"按钮,便可彻底删除"file2"文件。

【任务 2】文件搜索、文件夹属性设置和创建快捷方式

在 Windows 7 系统中,成千上万个不同类型的文件存在不同的磁盘分区上,这给用户查找文件带来很大的麻烦,借助 Windows 7 系统的文件搜索功能可以将计算机上任意地点的文件分类找到,下面可以通过如下子任务熟悉 Windows 7 系统的文件搜索功能。

图 2-60　还原文件夹

（1）搜索 C 盘上所有扩展名为 .txt 的文件，将所搜结果中的任意 1 个文件复制到"我的文件"文件夹中。

（2）搜索 C 盘上文件名第 3 个字母为 B 的，并且扩展名为 .bmp 的文件，将搜索结果中的任意 1 个文件复制到"我的文件"文件夹中。

（3）查看"我的文件"文件夹，更改其显示图标。

（4）设置"我的文件"文件夹属性为"只读"和"隐藏"，并在 E 盘中显示被隐藏的"我的文件"文件夹。

（5）在 E 盘根目录下，为"我的文件"文件夹创建一个快捷方式，并发送到桌面快捷方式。

任务实现步骤如下：

1. 搜索 C 盘上 ".txt" 文件

① 双击"计算机"图标，打开"计算机"窗口，单击工具栏中的"搜索"按钮。

② 在"搜索"文本框中输入 "*.txt"，系统自动进行搜索，搜索完成后，该窗口中将显示所有符合条件的搜索结果，如图 2-61 所示。

③ 选择任意搜索结果，单击鼠标右键，在弹出的快捷菜单中选择"复制"命令。通过文件夹窗格打开"我的文件"文件夹，然后在空白处单击鼠标右键，在弹出的快捷菜单中选择"粘贴"命令，完成复制文件到文件夹的操作。

2. 搜索第 3 个字母为 B 的，并且扩展名为 ".bmp" 的文件

① 双击"计算机"图标，打开"计算机"窗口，单击工具栏中的"搜索"按钮。

② 在"搜索"文本框中输入 "??B*.bmp"，系统自动进行搜索，搜索完成后，该窗口中将显示所有符合条件的搜索结果。

③ 选择任意搜索结果，单击鼠标右键，在弹出的快捷菜单中选择"复制"命令。通过文件夹窗格打开"我的文件"文件夹，然后在空白处单击鼠标右键，在弹出的快捷菜单

图 2-61　显示搜索结果

中选择"粘贴"命令,完成复制文件到文件夹的操作。

注意:使用通配符搜索文件的时候,文件名中的"＊"表示任意多个字符,"?"表示任意一个字符。

3. 查看"我的文件夹",更改其显示图标

① 打开"计算机"窗口,单击工具栏中的"搜索"按钮,在其文本框中输入"我的文件"文本,如图 2-62 所示,系统将自动进行搜索,搜索完成后在窗口中将显示该文件夹。

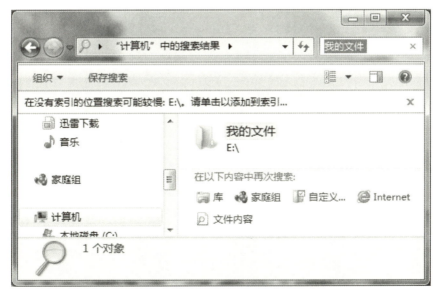

图 2-62　搜索文件夹

② 选择"我的文件"文件夹，单击鼠标右键，在弹出的快捷菜单中选择"属性"命令，打开"我的文件属性"对话框，选择"自定义"选项卡，然后单击"文件夹图标"栏中的"更改图标"按钮，如图 2-63 所示。

图 2-63　我的文件属性

③ 通过拖动"从以下列表中选择一个图标"列表框下方的滚动条选择图标选项，单击"确定"按钮，如图 2-64 所示。

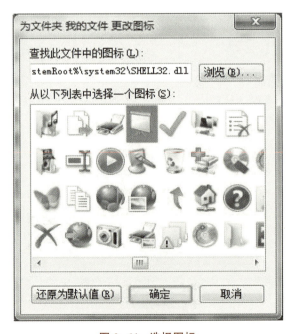

图 2-64　选择图标

④ 返回"我的文件属性"对话框,单击"确定"按钮,此时 E 盘窗口中的"我的文件"文件夹的图标已经改变,如图 2-65 所示,完成操作。

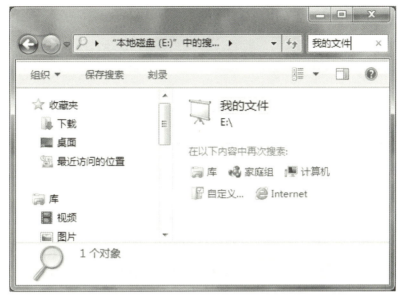

图 2-65　设置完成后的效果

4. 设置文件或文件夹属性

① 通过文件夹窗格打开 E 盘窗口,在"我的文件"文件夹上单击鼠标右键,在弹出的快捷菜单中选择"属性"命令。

② 打开"我的文件 属性"对话框,在"常规"选项卡的"属性"栏中选中"只读"和"隐藏"复选框,单击"确定"按钮,如图 2-66 所示。

图 2-66　设置属性

③ 打开"确认属性更改"对话框，选中"仅将更改应用于此文件夹"单选按钮，单击"确定"按钮，如图 2-67 所示。

④ 返回 E 盘窗口，将不会显示该文件夹。

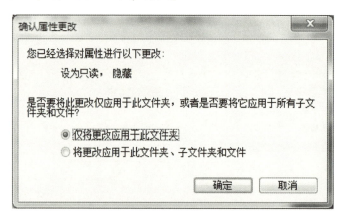

图 2-67 应用属性

⑤ 单击工具栏中的 组织 ▼ 按钮，在弹出的菜单中选择"文件夹和搜索选项"命令，打开"文件夹选项"对话框，选择"查看"选项卡，在"高级设置"列表框中选中"显示隐藏的文件、文件夹和驱动器"单选按钮，单击"确定"按钮，如图 2-68 所示。

图 2-68 设置"文件夹选项"对话框

5. 创建快捷方式

① 通过文件夹窗格打开 E 盘窗口，在"我的文件"文件夹上单击鼠标右键，在弹出的快捷菜单中选择"创建快捷方式"命令，如图 2-69 所示，则在 E 盘根目录下创建一个

"我的文件"的快捷方式。

② 创建一个桌面快捷方式,在"我的文件"文件夹上单击鼠标右键,在弹出的快捷菜单中选择"发送到"的下级命令"桌面快捷方式",如图 2-70 所示。

图 2-69 创建快捷方式

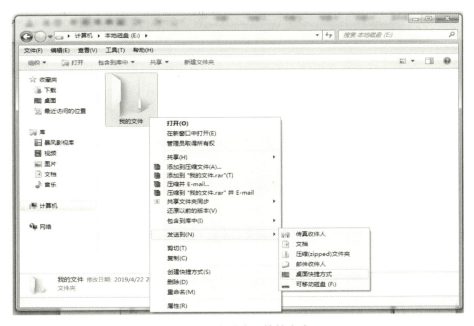

图 2-70 创建桌面快捷方式

四、任务拓展

（1）在"资源管理器"中空白处用鼠标右键单击，在弹出的菜单中选择"查看"命令，分别选用超大图标、大图标、中等图标、小图标、列表、详细信息、平铺和内容等方式显示文件和文件夹；

（2）在 D 盘目录下新建一个"计算机基础"文件夹和"文件作业"文件夹，在"文件作业"文件夹中创建文件"文章练习.txt"；

（3）在 D 盘目录下的"文件作业"文件夹中的"文章练习.txt"复制到"计算机基础"文件夹；

（4）查找 D 盘上扩展名为.docx 的文件；

（5）在"资源管理器"中显示属性为"隐藏"的文件和文件夹。

第3章
Word 2010 字处理

实验一 使用 Word 2010 编辑自荐信

一、实验目的

(1) 学会 Word 2010 的启动与退出。
(2) 熟悉 Word 2010 的窗口及各选项卡功能。
(3) 学会创建、保存 Word 文档。
(4) 学会使用 Word 2010 编辑文档。

二、实验内容

(1) 录入自荐信。
(2) 保存自荐信。
(3) 编辑自荐信。
(4) 自荐信文本格式的设置。
(5) 自荐信段落格式设置。
(6) 自荐信页眉页脚设置。

三、实验任务及操作步骤

【任务1】创建文档

录入自荐信文本内容,参考内容如图 3-1 所示。

① 单击"开始"菜单,选择"所有程序",在其级联菜单中选择 Microsoft Office 菜单项,然后在 Microsoft Office 级联菜单中单击 Microsoft Word 2010 菜单项,启动 Word 2010 应用程序,如图 3-2 所示,启动以后会自动新建了一个 Word 文档。

② 新建的文档使用了系统默认文件名,具备良好信息素养的用户会在此时对文档进行保存,确定文件名和文件保存位置。

自荐信

尊敬的领导：

您好！

感谢您在百忙之中展阅我的自荐信。我是湖南环境生物职业技术学院医学院护理专业 2020 届大学毕业生。为更好地发挥自己的才能，实现自己的人生价值，诚望加入贵医院，成为贵院光荣的一员，特在此毛遂自荐。

我深知精通技术是将来走向成功的阶梯，而广泛地涉猎人文社会知识才是成功的真正保障。我具备较强的英语听，说，读，写潜力，熟悉计算机的基本理论与应用技术。深厚的专业知识，完整的知识结构，丰富的实践经验，乐观豁达的性格，独立操作潜力及团体合作精神和亲和力，定会助我在曲折之中顺利完成各项工作任务。

两年在校的专业理论学习和一年在医院的实习，使我掌握了深厚的专业理论知识，积累了较丰富的临床经验，我热爱我的专业并为其投入了巨大的热情和精力，并阅读了课外很多相关的书籍来充实自己的专业知识，在校期间我除认真学好专业之外，还用心参加校内校外的实践活动，多次到医院见习，并且利用寒暑假在校外兼职多份工作以支持学业，锻炼工作潜力，培养了我吃苦耐劳的品质。在医院实习期间，在老师的悉心教导和自己的努力下，我基本熟练地掌握了临床各项护理操作，出色地完成了各科应完成的实习任务，并坚持每一天记实习笔记以巩固所学。我深切地体会到以细心，爱心，耐心，职责心对待患者的重要性，在老师的影响下，构成了严谨，踏实的工作态度。

我从各方面了解到贵院的医疗，护理事业在同行业中堪称一流，且还在不断地快速进步，完善，发展前景良好。殷切期盼您能给我这个机会，在您的领导下，为这一光荣事业添砖加瓦，并在工作中不断学习，进步。祝贵院事业蒸蒸日上。

此致

敬礼

自荐人：xxx

2019 年 12 月

图 3-1　自荐信文本内容

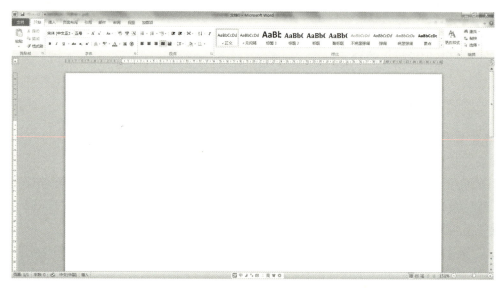

图 3-2　新文档窗口

选择"文件"菜单下的"保存"菜单项,如图3-3所示,弹出"另存为"对话框,选择文件保存位置为D盘根目录,输入文件名,默认保存类型,单击"保存"按钮完成新文档的保存。

图3-3 "另存为"对话框

③ 选择合适的输入法录入图3-1所示的自荐信内容。

【任务2】保存自荐信

自荐信录入完成以后,要保存自荐信。具备良好信息素养的用户通常不会等到所有内容录入完毕以后才保存自荐信,一般都会一边录入文档一边保存文档。保存方法如下:

① 选择"文件"菜单下的"保存"菜单项,完成保存。

② 单击快速访问工具栏中的"保存"按钮完成保存。

③ 使用【Cirl+S】快捷键进行保存。

【任务3】编辑自荐信

将自荐信正文第四段(从"我深知精通技术"到"完成各项工作任务。")移动到自荐信第五段后面;将自荐信中的"潜力"二字替换成"能力"。

① 选定正文第四段,在选定区域单击鼠标右键,在弹出的快捷菜单中选择"剪切"命令,如图3-4所示。鼠标定位至正文第六段的前面,单击鼠标右键,在弹出的快捷菜单中选择"粘贴"命令,完成文本块的移动操作。

② 鼠标单击"开始"选项卡"编辑"功能组中"替换"命令打开"查找和替换"对话框,在"查找内容"处输入"潜力",并在"替换为"处输入"能力"如图3-5所示。

届大学毕业生。为更好地发挥自己的人生价值，诚望加入贵医院，成为贵院光荣的一员，特在此毛遂自荐。

我深知精通技术是将来走向成功的地涉猎人文社会知识才是成功的真正保障。我具备较强的英语听、说、读、写算机的基本理论与应用技术。深厚的专业知识，完整的知识结构，丰富的实践经达的性格，独立操作潜力及团体合作精神和亲和力，定会助我在曲折之中顺利任务。

两年在校的专业理论学习和一年在使我掌握了深厚的专业理论知识，积累了较丰富的临床经验，我热爱我的专业并巨大的热情和精力，并阅读了课外很多相关的书籍来充实自己的专业知识，在校真学好专业之外，还用心参加校内校外的实践活动，多次到医院见习，并且利用兼职多份工作以支持学业，锻炼工作潜力，培养了我吃苦耐劳的品质。在医院实老师的悉心教导和自己的努力下，我基本熟练地掌握了临床各项护理操作，出色科应完成的实习任务，并坚持每一天记实习笔记以巩固所学。我深切地体会到以耐心，职责心对待患者的重要性，在老师的影响下，构成了严谨，踏实的工作我从各方面了解到贵院的医疗，护业中堪称一流，且还在不断地快速进步，完

图 3-4　剪切文本块

图 3-5　"查找和替换"对话框

③ 单击"全部替换"按钮，完成替换。

【任务 4】标题段设置

① 选中标题文字，在"开始"选项卡的"字体"组中分别单击"字体""字号"和"加粗"按钮，将文字设置为华文行楷、二号、加粗，如图 3-6 所示。

图 3-6　"开始"选项卡"字体"和"段落"功能组

② 切换至"段落"组,单击"居中"按钮。

③ 单击"段落"按钮,打开"段落"对话框,设置"段后"间距为两行,然后单击"确定"按钮关闭对话框,如图 3-7 左图所示。

【任务 5】 正文和落款格式设置

① 选中正文和落款文字,在"开始"选项卡的"字体"组中分别单击"字体"、"字号"和"加粗"按钮将文字设置为华文行楷、小四号和加粗。

② 切换至"开始"选项卡的"段落"组,单击"段落"按钮,打开"段落"对话框,然后切换至"缩进和间距"选项卡,在"缩进"栏中将"左侧"和"右侧"分别调至 0.5 字符,在"特殊格式"下拉列表框中选择"首行缩进"两个字符;在"间距"栏的"行距"下拉列表框中选择"固定值",并将"设置值"调整为 22 磅,如图 3-7 右图所示,最后单击"确定"按钮关闭对话框。

③ 选中落款,在"段落"对话框中将"段前"间距设置为两行。

④ 选中落款和日期,在"开始"选项卡的"段落"组中单击"右对齐"按钮,使其右对齐。

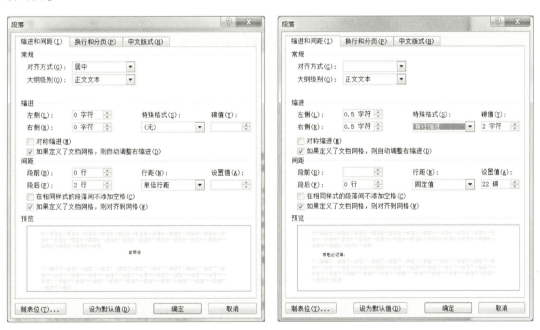

图 3-7 段落格式设置

【任务 6】 页眉页脚设置

① 在"插入"选项卡的"页眉与页脚"组中单击"页眉"按钮,在打开的下拉列表中选择"编辑页眉"命令,进入页眉编辑状态,在页眉处输入"2020 届毕业生自荐信";在"插入"选项卡的"页眉与页脚"组中单击"页脚"按钮,在打开的下拉列表中选择"编辑页脚"命令,进入页脚编辑状态,在"页眉与页脚工具"的"页眉与页脚"组中单击"页码"按钮,在打开的下拉列表中选择"页面底端"的"普通数字 2",如图 3-8 所示为自荐信添加页码。

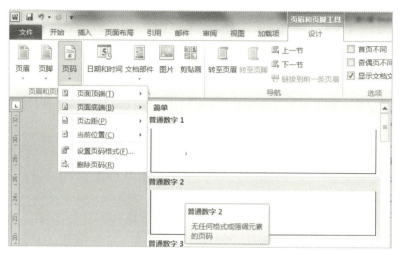

图 3-8 添加页码

② 全部操作完成后,保存文档,参考效果如图 3-9 所示。

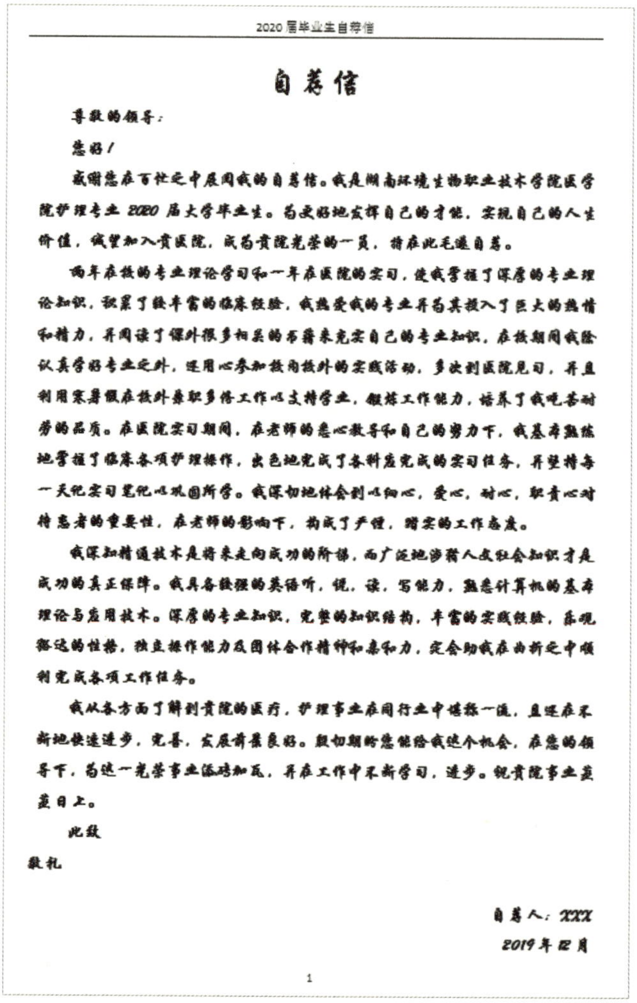

图 3-9 参考效果

四、任务拓展

(1) 如何设置文档自动保存?
(2) 如何修改文档的保存类型?

实验二　使用 Word 2010 制作简报

一、实验目的

(1) 学会使用 Word 2010 制作文字简报。
(2) 强化 Word 2010 编辑操作。
(3) 学会分栏及首字下沉。
(4) 学会使用艺术字。
(5) 学会使用项目符号。
(6) 学会设置艺术型页面边框。

二、实验内容

(1) 简报页面设置。
(2) 给简报添加艺术字标题。
(3) 设置简报文本和段落格式。
(4) 添加分栏、首字下沉及项目符号。
(5) 设置艺术型页面边框。

三、实验任务及操作步骤

打开任务操作素材"简报文字.docx",按以下操作提示完成简报制作任务。

【任务1】页面设置

页边距为上、下、左、右各 2.8 厘米,纸张为 A4。

① 在"页面布局"选项卡的"页面设置"组中单击"页面设置"按钮,打开"页面设置"对话框,将"页边距"的上、下、左、右设置为 2.8 厘米,如图 3-10 所示。

② 切换至"纸张"选项卡,在"纸张大小"下拉列表框中选择 A4,如图 3-11 所示。

③ 单击"确定"按钮关闭对话框。

【任务2】艺术字操作

添加艺术字标题,选第 4 行第 2 列样式,一号字、华文行楷;文本效果选"转换"→"弯曲"→"正三角";自动换行选"上下型环绕"。

① 选中标题文字,在"插入"选项卡的"文本"组中单击"艺术字"按钮,在弹出的下拉列表中选择第 4 行第 2 列样式,如图 3-12 所示。

② 切换至"开始"选项卡,在"字体"组中分别单击"字体"和"字号"按钮设置艺术字为华文行楷、一号字。

③ 选中艺术字,切换至"绘图工具-格式"选项卡,在"排列"组中单击"自动换行"按钮,在弹出的下拉列表中选择"上下型环绕"选项,如图3-13所示。

④ 在"艺术字样式"组中单击"文本效果"按钮,然后在弹出的下拉列表中选择"转换"→"弯曲"→"正三角"选项,如图3-14所示。

图 3-10　设置页边距　　　　　　　图 3-11　设置纸张

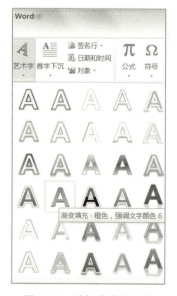

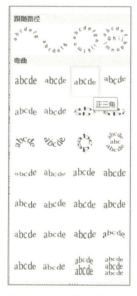

图 3-12　选择艺术字样式　　图 3-13　设置上下型环绕　　图 3-14　设置文本效果

⑤ 选中艺术字，通过鼠标拖动调整至居中位置。

【任务 3】 正文和落款的格式设置

正文和落款字体设置为楷体、小四号、加粗；段落首行缩进两个字符，行距设置为 1.5 倍行距；标题和正文间距两行，正文和落款间距两行；落款和日期设置为右对齐；为正文最后一段添加段落边框、底纹。

① 将光标定位于正文最前端，连按两次 Enter 键，使标题和正文间距两行。

② 选中正文和落款（包括日期）文字，在"开始"选项卡的"字体"组中分别单击"字体""字号"和"加粗"按钮将文字设置为楷体、小四号和加粗。

③ 选中正文和落款，切换至"开始"选项卡，在"段落"组中单击"段落"按钮，打开"段落"对话框，在"缩进和间距"选项卡的"缩进"栏中单击"特殊格式"下拉按钮选择"首行缩进"选项，将其右边的"磅值"调整为 2 字符，在"间距"栏中单击"行距"下拉按钮选择"1.5 倍行距"选项，如图 3-15 所示。

④ 单击"确定"按钮关闭对话框。

⑤ 选中落款，在打开的"段落"对话框中将"段前"间距设置为两行。

⑥ 选中落款和日期，在"开始"选项卡的"段落"组中单击"右对齐"按钮，使其右对齐。

图 3-15 "段落"对话框

⑦ 选中正文最后一段，通过"开始"选项卡的"段落"组中单击"下框线"列表，选择"边框和底纹"命令项打开"边框和底纹"对话框。选择"边框"选项卡，在"设置"中选中"方框"，"样式"选择"实线"，"颜色"选择标准色"蓝色"，"宽度"设置为"0.75 磅"，"应用于"选择"段落"，如图 3-16 所示；切换到"底纹"选项卡，在"填充"处选择主题颜色中的"橙色，强调文字颜色 6，淡色 60%"，"应用于"选择"段落"，如图 3-17 所示。单击"确定"按钮，完成设置。

【任务 4】 添加首字下沉、分栏及项目符号

正文第 1 段：首字下沉两行、隶书、距正文 0.4cm；正文第 2 段：分成等宽的 3 栏，加分割线；正文第 3~5 段：加红色项目符号"☆"。

① 选中正文第 1 段，在"插入"选项卡的"文本"组中单击"首字下沉"按钮，在弹出的下拉列表中选择"首字下沉选项"，打开"首字下沉"对话框，在"位置"栏中选择"下沉"选项，在"选项"栏中设置"字体"为隶书、"下沉行数"为 2，"距正文"

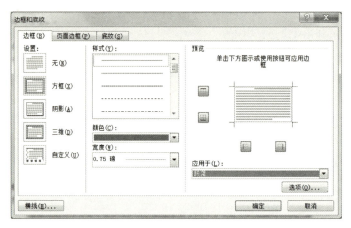

图 3-16 "边框"选项卡

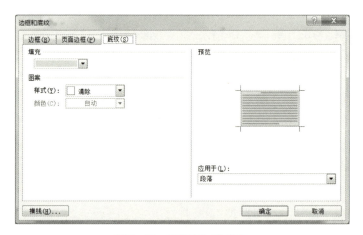

图 3-17 "底纹"选项卡

为 0.4cm,然后单击"确定"按钮关闭对话框,如图 3-18 所示。

图 3-18 设置首字下沉

② 选中正文第 2 段，在"页面布局"选项卡的"页面设置"组中单击"分栏"按钮，在弹出的下拉列表中选择"更多分栏"选项，打开"分栏"对话框，在"预设"栏中选择"三栏"选项，选中"分隔线"复选框，然后单击"确定"按钮关闭对话框，如图 3-19 所示。

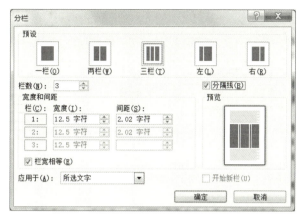

图 3-19　设置分栏

③ 选中正文第 3、4、5 段，在"开始"选项卡的"段落"组中单击"项目符号"下三角按钮，弹出"项目符号"下拉列表，在有限的几个符号中选中所需符号，如图 3-20 所示。如果没有所需符号，则应选择"定义新项目符号"选项，打开"定义新项目符号"对话框，如图 3-21 所示。

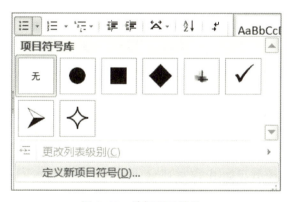

图 3-20　选择项目符号

图 3-21　定义新项目符号

④ 在"定义新项目符号"对话框中单击"符号"按钮，打开"符号"对话框，如图 3-22 所示，从符号库中选择所需符号，单击"确定"按钮，返回到"定义新项目符号"对话框。设置符号的颜色，在"定义新项目符号"对话框中单击"字体"按钮，打开"字体"对话框，然后进行符号颜色的设置，设置红色空心星，如图 3-23 所示。

【任务 5】设置艺术型页面边框

① 将光标定位于文档中的任何位置，在"页面布局"选项卡的"页面背景"组中单击"页面边框"按钮，打开"边框和底纹"对话框。

② 切换至"页面边框"选项卡,在"艺术型"下拉列表框中选择所需的样式,在"应用于"下拉列表框中选择"整篇文档"选项,然后单击"确定"按钮关闭对话框,如图 3-24 所示。

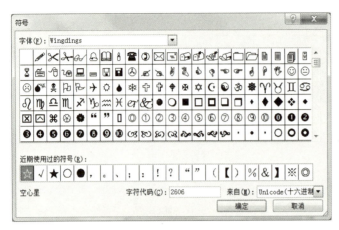

图 3-22 符号对话框

图 3-23 红色空心星

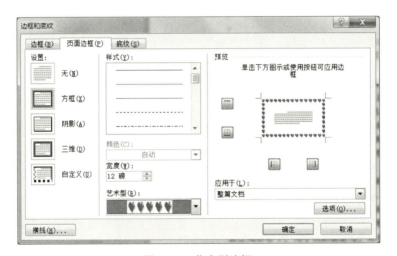

图 3-24 艺术型边框

③ 全部操作完成后,保存文件,参考效果如图 3-25 所示。

四、任务拓展

设计并制作学院运动会简报:
(1) 为学院运动会简报收集合适的文字素材。
(2) 参考本次实验任务设计并制作学院运动会简报。

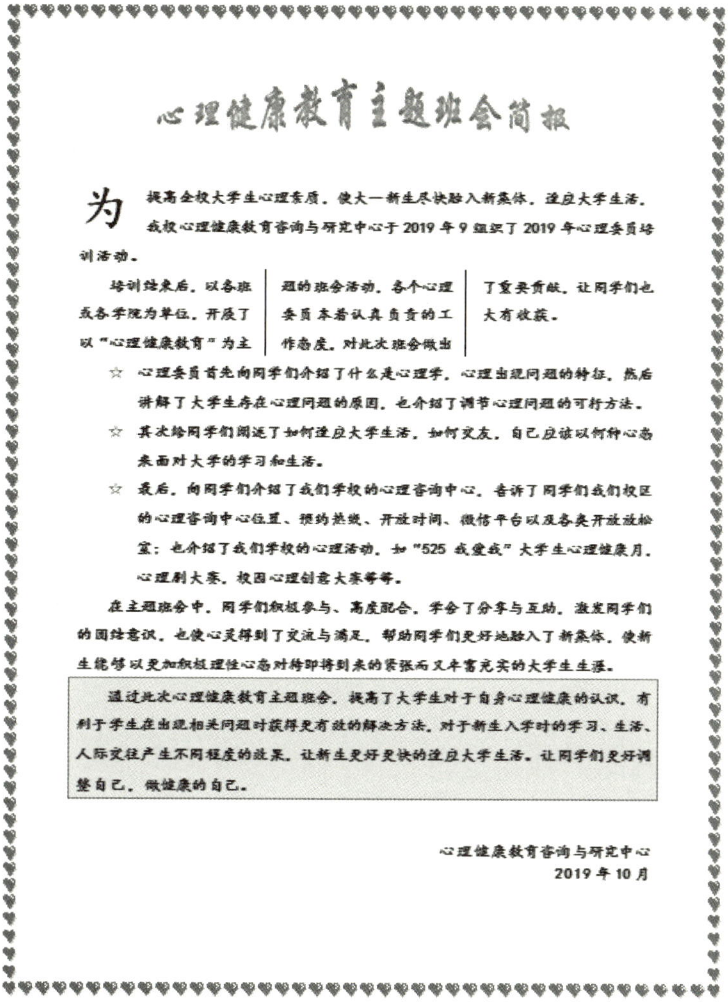

心理健康教育主题班会简报

为提高全校大学生心理素质，使大一新生尽快融入新集体，适应大学生活，我校心理健康教育咨询与研究中心于 2019 年 9 组织了 2019 年心理委员培训活动。

培训结束后，以各班或各学院为单位，开展了以“心理健康教育”为主题的班会活动，各个心理委员本着认真负责的工作态度，对此次班会做出了重要贡献，让同学们也大有收获。

☆ 心理委员首先向同学们介绍了什么是心理学，心理出现问题的特征，然后讲解了大学生存在心理问题的原因，也介绍了调节心理问题的可行方法。

☆ 其次给同学们阐述了如何适应大学生活，如何交友，自己应该以何种心态来面对大学的学习和生活。

☆ 最后，向同学们介绍了我们学校的心理咨询中心，告诉了同学们我们校区的心理咨询中心位置、预约热线、开放时间、微信平台以及各类开放放松室；也介绍了我们学校的心理活动，如“525 我爱我”大学生心理健康月，心理剧大赛，校园心理创意大赛等等。

在主题班会中，同学们积极参与、高度配合，学会了分享与互助，激发同学们的团结意识，也使心灵得到了交流与满足，帮助同学们更好地融入了新集体，使新生能够以更加积极理性心态对待即将到来的紧张而又丰富充实的大学生生涯。

通过此次心理健康教育主题班会，提高了大学生对于自身心理健康的认识，有利于学生在出现相关问题时获得更有效的解决方法，对于新生入学时的学习、生活、人际交往产生不同程度的效果，让新生更好更快的适应大学生活，让同学们更好调整自己，做健康的自己。

心理健康教育咨询与研究中心
2019 年 10 月

图 3-25 参考效果

实验三 表格制作

一、实验目的

（1）学会表格的创建和单元格内容的录入。

（2）学会表格的编辑和格式化。

（3）学会表格排序和对表格数据进行计算。

（4）学会表格和边框工具栏的使用方法。

二、实验内容

1. 制作课程表

制作课程表，录入对应文字内容后，对文字格式、表格边框底纹等进行设置，参考效果如图 3-26 所示。

课程表

时间\星期		一	二	三	四	五
上午	1-2节	药物化学(讲授)	药理(讲授)	药物制剂技术(一)(讲授)	天然药物化学(讲授)	药物化学(讲授)
上午	3-4节	仪器分析(讲授)	药物化学(讲授)	药物制剂技术(一)(实验)	药理(实验)	药物化学(实验)
午休						
下午	5-6节	天然药物化学		药事管理(讲授)	药理(讲授)	医学统计(讲授)
下午	7-8节	仪器分析(实验)		药物制剂技术(一)(实验)	天然药物化学(实验)	药物制剂技术(一)(讲授)

图 3-26 课程表

2. 统计和美化成绩表

根据任务素材统计和美化学生成绩表，参考效果如图 3-27 所示。

第 1 组学生成绩

学号	姓名	人体生理学	人体解剖学	护理学导论	概论+形势与政策	生态文明通论	总成绩
20180006	吴小兰	91.00	91.00	81.00	96.00	82.00	441
20180009	谭小燕	80.00	87.00	85.00	94.00	94.00	440
20180002	聂凤	94.00	90.00	81.00	92.00	83.00	440
20180003	李岗	88.00	80.00	85.00	93.00	92.00	438
20180005	余帆	82.00	82.00	88.00	95.00	90.00	437
20180001	杨峰	97.00	86.00	86.00	88.00	80.00	437
20180008	罗彩霞	93.00	82.00	80.00	95.00	86.00	436
20180010	杨娟	91.00	80.00	81.00	95.00	82.00	429
20180007	刘雯	84.00	86.00	80.00	87.00	90.00	427
20180004	何家旋	80.00	84.00	82.00	87.00	90.00	423
平均		88	84.8	82.9	92.2	86.9	434.8

图 3-27 学生成绩表

三、实验任务及操作步骤

【任务1】制作课表

图 3-26 所示的课程表是一个不规则表格，可以先建立一个 7 行 7 列的规则表格，然后进行表格的编辑、单元格的合并、拆分等操作完成表格结构设计；录入课程表内容，通

过表格的格式化等一系列操作，完成课程表制作任务。

1. 新建一个 Word 文档

把纸张方向设置为横向，建立一个 7 行 7 列的规则表格。

① 启动 Word 2010 应用程序。

② 单击"页面布局"选项卡，在"页面设置"组中通过"纸张方向"按钮设置纸张方向为横向。

③ 将光标定位到需要添加表格处，切换至"插入"选项卡。

④ 单击"表格"组中的"表格"按钮，在弹出的下拉列表中按下鼠标左键拖动，待行、列数满足要求时释放鼠标左键，即在光标定位处插入了一个 7 行 7 列的空白表格，如图 3-28 所示。

图 3-28　创建立表格

2. 表格的编辑和格式化

① 选中整个表格，在"表格工具-布局"选项卡"单元格大小"组中将行高、列宽分别调整为 2cm、3.5cm，如图 3-29 所示。

② 选中表格第 1 行的 7 个单元格，在"表格工具-布局"选项卡的"合并"组中单击"合并单元格"按钮，如图 3-30 所示。在合并后的单元格输入"课程表"，并设置字体为楷体、深红色、一号、加粗，调整字符间距。

图 3-29　设置行高和列宽

图 3-30　合并单元格

③ 合并第 2 行的前面两个单元格，切换至"表格工具-设计"选项卡，在"表格样式"组中单击"边框"下拉按钮，在弹出的下拉列表中选择"斜下框线"插入斜线表头，如图 3-31 所示，输入列标题星期、时间，注意调整文字到合适位置；在该行的后 5 个单元格分别输入一、二、三、四、五；分别合并第 3，4 两行及第 6，7 两行第 1 列的两个单元格，合并第 5 行的 7 个单元格，并适当调整行高和列宽，输入"上午""下午""午休"等信息。字体为楷体、小四、加粗，如图 3-32 所示。

④ 按参考课程表内容或结合自己的课程表内容录入课程表其他单元格内容。

⑤ 分别选中除斜线表头单元格以外的其他单元格，切换至"表格工具-布局"选项卡，在"对齐方式"组中单击"水平对齐"按钮，如图 3-33 所示。

⑥ 选中整个表格，切换至"表格工具-设计"选项卡的"绘图边框"组中，单击"笔样式"下拉按钮，在弹出的下拉列表中选择双实线，单击"笔画粗细"按钮，在弹出

的下拉列表中选择 2.25 磅,"笔颜色"选择深红色如图 3-34 所示;切换至"表格工具—设计"选项卡的"表格样式"组中,单击"边框"下拉按钮,在弹出的下拉列表中选择"外侧框线"选项,如图 3-35 所示。参照此方法绘制 1.5 磅蓝色单实线的内框线。

图 3-31　斜线表头

图 3-32　合并录入标题后的表格

图 3-33　"对齐方式"组　　　图 3-34　"绘图边框"组　　　图 3-35　绘制外侧框线

⑦ 选中整个表格,切换至"表格工具—设计"选项卡的"表格样式"组中,单击"底纹"下拉按钮,选择"水绿色,强调文字颜色 5,淡色 80%",如图 3-36 所示。

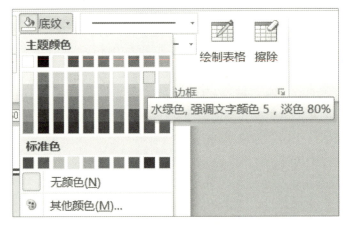

图 3-36　设置底纹

3. 文档的保存

① 选择"文件"→"另存为"命令。

② 在打开的"另存为"对话框中输入文件名将课表保存到计算机中。

【任务 2】统计和美化成绩表

打开"学生成绩统计_文字素材.docx"文档，按操作步骤提示完成任务。

1. 设置标题文字

① 选中标题段文字。

② 在"开始"选项卡的"字体"组中将文字设置为楷体、三号、加粗，然后在"段落"组中单击"居中"按钮。

2. 将文本转换成表格，以及删除、插入列/行的设置

① 选中文档中除标题以外的文字行，在"插入"选项卡的"表格"组中单击"表格"下拉按钮，在弹出的下拉列表中选择"文本转换成表格"选项，打开"将文字转换成表格"对话框，单击"确定"按钮，如图 3-37 所示。

图 3-37 文本转换成表格

② 选中"性别"列，在"表格工具-布局"选项卡的"行和列"组中单击"删除"按钮，在弹出的下拉列表中选择"删除列"选项，如图 3-38 所示。

③ 选中最后一列，在"表格工具-布局"选项卡的"行和列"组中单击"在右侧插入列"按钮，如图 3-39 所示，然后输入列标题"总成绩"。

④ 将光标定位于最后一行的右侧，按 Enter 键插入一新行，然后选中该行左边的两个单元格，在"表格工具-布局"选项卡的"合并"组中单击"合并单元格"按钮，如图 3-40 所示，并在合并后的单元格中输入"平均分"。

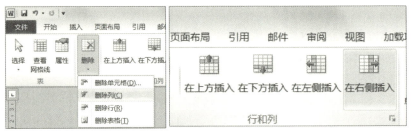

图 3-38 删除列　　　　图 3-39 插入列　　　　图 3-40 合并单元格

3. 设置行高、列宽、字体及表格中文字的对齐方式

① 选中整个表格,在"表格工具-布局"选项卡的"表"组中单击"属性"按钮,打开"表格属性"对话框,如图 3-41 所示;切换至"列"选项卡,将列宽调整为2.2厘米。

图 3-41 "表格属性"对话框

② 选中整个表格,在"开始"选项卡的"字体"组中将其设置为楷体、小四号、加粗;在"段落"组中将其设置居中,切换至"表格工具-布局"选项卡,在"对齐方式"组中单击"水平居中"按钮,如图 3-42 所示。

4. 计算总成绩和平均分

① 将光标定位至最后一列第二个单元格,计算第一个同学的总成绩,在"表格工具-布局"选项卡的"数据"组中单击"公式"按钮,如图 3-43 所示。

② 在打开的"公式"对话框的"粘贴函数"下拉列表框中选择 SUM 函数,在"公式"文本框中输入公式"=SUM(LEFT)",单击"确定"按钮,如图 3-44 所示。然后按照此方法计算出其他学生的总成绩。

③ 将光标定位至最后一行第二个单元格,计算第一门课程的平均分,在打开的"公式"对话框的"粘贴函数"下拉列表框中选择 AVERAGE 函数,在"公式"文本框中输

图 3-42 设置对齐方式

图 3-43 "数据"组

图 3-44 "公式"对话框

入公式"=AVERAGE(ABOVE)",单击"确定"按钮,如图 3-45 所示。然后按照此方法计算出其他科的单科平均分和总分的平均分。

5. 表格中成绩的排序

① 选中表格除平均分以外的所有行,在"表格工具-布局"选项卡的"数据"组中单击"排序"按钮,如图 3-46 所示。

② 在打开的"排序"对话框中,如图 3-47 所示,"主要关键字"选择"总成绩","次要关键字"选择"概论+形势与政策","类型"均选择"数字",均选中"降序"单选按钮,然后单击"确定"按钮,排序前后的效果如图 3-48 和图 3-49 所示。

6. 设置表格样式

① 选中整个表格。

② 在"表格工具-设计"选项卡的"表格样式"组中单击"其他"按钮,在弹出的下拉列表中选择"内置"中的第 2 行第 4 列样式,如图 3-50 所示。

图 3-45 计算平均分

图 3-46 "排序"按钮

图 3-47 "排序"对话框

第 1 组学生成绩

学号	姓名	人体生理学	人体解剖学	护理学导论	概论+形势与政策	生态文明通论	总成绩
20180001	杨峰	97.00	86.00	86.00	88.00	80.00	437
20180002	聂凤	94.00	90.00	81.00	92.00	83.00	440
20180003	李岗	88.00	80.00	85.00	93.00	92.00	438
20180004	何家旋	80.00	84.00	82.00	87.00	90.00	423
20180005	余帆	82.00	82.00	88.00	95.00	90.00	437
20180006	吴小兰	91.00	91.00	81.00	96.00	82.00	441
20180007	刘雯	84.00	86.00	80.00	87.00	90.00	427
20180008	罗彩霞	93.00	82.00	80.00	95.00	86.00	436
20180009	谭小燕	80.00	87.00	85.00	94.00	94.00	440
20180010	杨娟	91.00	80.00	81.00	95.00	82.00	429
平均		88	84.8	82.9	92.2	86.9	434.8

图 3-48 排序前的成绩表

第 1 组学生成绩

学号	姓名	人体生理学	人体解剖学	护理学导论	概论+形势与政策	生态文明通论	总成绩
20180006	吴小兰	91.00	91.00	81.00	96.00	82.00	441
20180009	谭小燕	80.00	87.00	85.00	94.00	94.00	440
20180002	聂凤	94.00	90.00	81.00	92.00	83.00	440
20180003	李岗	88.00	80.00	85.00	93.00	92.00	438
20180005	余帆	82.00	82.00	88.00	95.00	90.00	437
20180001	杨峰	97.00	86.00	86.00	88.00	80.00	437
20180008	罗彩霞	93.00	82.00	80.00	95.00	86.00	436
20180010	杨娟	91.00	80.00	81.00	95.00	82.00	429
20180007	刘雯	84.00	86.00	80.00	87.00	90.00	427
20180004	何家旋	80.00	84.00	82.00	87.00	90.00	423
平均		88	84.8	82.9	92.2	86.9	434.8

图 3-49 排序后的成绩表

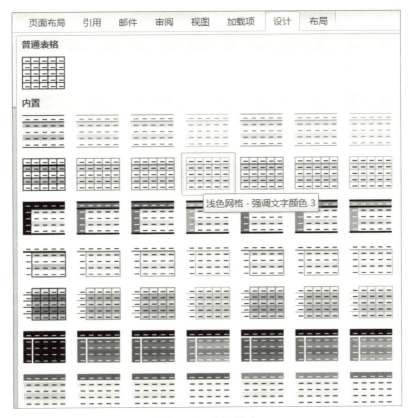

图 3-50　表格样式

四、任务拓展

设计并制作个人简历表。

(1) 通过互联网了解目前主流的个人简历表格式。

(2) 设计自己的个人简历表格式及内容。

(3) 参考本次实验任务制作个人简历表。

实验四　图文混合排版

一、实验目的

(1) 学会插入图片。

(2) 学会设置对象格式。

(3) 强化艺术字的使用。

(4) 学会使用文本框。

(5) 学会使用形状。

(6) 学会图文混合排版。

二、实验内容

为丰富课余生活,培养同学们的课外社交能力,院学生会利用周末时间为在校大学生准备一场舞会,意在增加学生之间的互动与情感交流,为此需设计一张舞会宣传海报。参考图所示的舞会海报样例,利用 Word 2010 设计并制作一张周末舞会宣传海报。

图 3-51　周末舞会海报

具体要求如下:

(1) 纸张设置:宽度为 32.23 厘米,高度为 23.54 厘米,页边距上、下、左、右均为 3 厘米,纸张方向为横向。

(2) 将实验素材文件夹下的"校园舞会海报背景.jpg"插入到文档中,调整图片到合适大小并显示在页面正中间,设置为"衬于文字下方"。

(3) 标题"校园舞会"设置:设置为艺术字,字体为"微软雅黑",字号为"100",加粗显示。艺术字样式设置为"渐变填充-黑色,轮廓-白色,外部阴影",文字颜色设置为渐变填充,预设颜色为"金乌坠地",渐变类型为从左下角的"射线"。文本效果为"发光:黄色,10 磅,强调文字颜色 1,透明度 60%"。

(4) 将海报内容设置为竖向文本,其中涉及的数字均采用横向文本,行距为 1.5 倍。字体设置为"四号、黑体",其中标题加粗显示。将文本框置于图片左中部的合适位置。

(5) 为海报增加光圈效果,插入无填充色的圆形,边框颜色设置为"白色,背景 1,深色 15%"4.5 磅粗细,形状效果设置为"发光:紫色,5pt 发光,强调文字颜色 4",1 磅柔化边缘效果。

三、实验任务及操作步骤

【任务 1】 纸张、页边距设置

① 在"页面布局"选项卡的"页面设置"组中单击"页面设置"按钮,打开"页面

设置"对话框,将"页边距"的上、下、左、右均设置为3cm,将纸张方向设置为"横向",如图3-52左图所示。

② 切换至"纸张"选项卡,在"纸张大小"下拉列表框中选择"自定义大小"选项,在"宽度"列表框中输入"32.23厘米",在"高度"列表框中输入"23.54厘米",如图3-52右图所示。

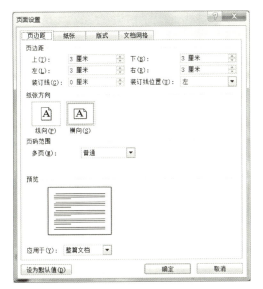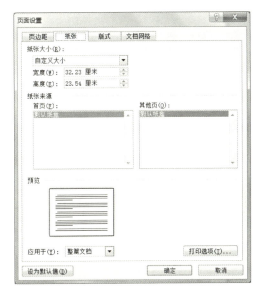

图3-52 "页面设置"对话框

③ 单击"确定"按钮关闭对话框。

【任务2】设置图片

① 插入图片。在"插入"选项卡的"插图"组中单击"图片"按钮,打开"插入图片"对话框,按图片存放路径选择所需图片后单击"插入"按钮即可插入图片,如图3-53所示。

图3-53 "插入图片"对话框

② 选中图片,切换至"图片工具-格式"选项卡,在"排列"组中将"位置"设置为"中间居中,四周型文字环绕",如图 3-54 所示;将"自动换行"设置为"衬于文字下方",如图 3-55 所示。

图 3-54 设置位置

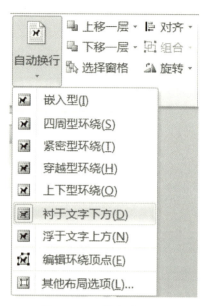

图 3-55 设置自动换行

【任务 3】设置艺术字

① 在"插入"选项卡的"文本"组中单击"艺术字"按钮,在其下拉列表中选择"渐变填充-黑色,轮廓-白色,外部阴影"的艺术字样式,输入"校园舞会"主题,如图 3-56 所示。

② 选中艺术字,切换至"开始"选项卡,在"字体"组中分别设置"微软雅黑"字体并将将文字设置为 100 号、加粗,并将"舞会"二字设置 120 号字体大小,突出显示。

③ 选中艺术字,在"绘图工具-格式"选项卡的"艺术字样式"组中单击打开"文本填充",单击"渐

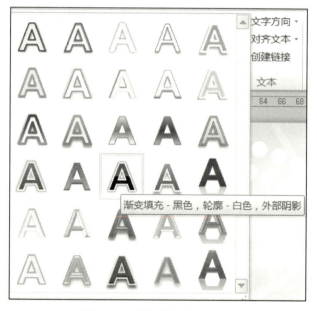

图 3-56 选择艺术字样式

变-其他渐变",在打开的"设置文本效果格式"对话框中选择"文本填充"类别,然后选中"渐变填充"单选按钮,单击"预设颜色"下拉按钮选择"金乌坠地",单击"类型"下拉按钮选择"射线",单击"方向"下拉按钮选择"从左下角",并适当调整渐变光圈中的停止点的位置,如图 3-57 所示。

图 3-57 设置文本效果格式

④ 选中艺术字,在"绘图工具-格式"选项卡的"艺术字样式"组中单击"文本效果"类别,然后选择"发光"在下拉按钮选择"红色,8pt 发光,强调文字颜色 2",如图 3-58 所示。单击"发光选项",打开"设置文本效果格式"对话框",进入"发光和柔滑边缘"类别,调整透明度为 60%,如图 3-59 所示,设置完成后单击"关闭"按钮。

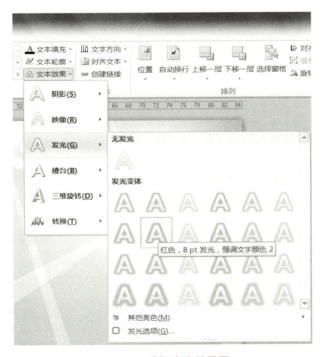

图 3-58 选择发光效果图

图 3-59　设置发光选项

⑤ 将艺术字拖至图片左上方的合适位置。

【任务 4】设置海报内容

① 在"插入"选项卡的"文本"组中单击"文本框"按钮,在弹出的下拉列表中选择"绘制竖排文本框"选项,鼠标指针变成"+"号,选择文中的合适位置绘制适当大小的竖排文本框,在文本框中输入海报内容文字。

② 分别选中文本框中的数字文本,例如"11""16""19:00"等,在"开始"选项卡的"段落"组中单击"中文版式"下拉按钮,选择"纵横混排",如图 3-60 所示。在弹出的"纵横混排"对话框中取消选中"适应行宽"复选框,如图 3-61 所示,单击"确定"按钮。其他数字文本均按照此步骤完成设置。

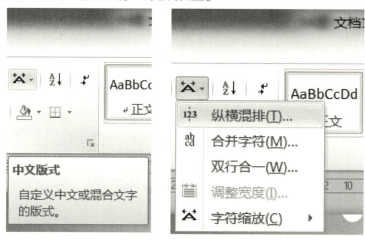

图 3-60　设置纵横混排

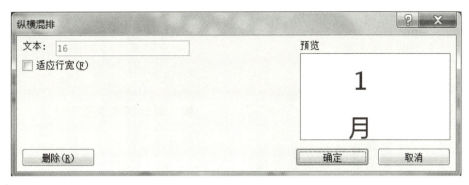

图 3-61 "纵横混排"对话框

③ 选中文本框中的所有文字,在"开始"选项卡的"字体"组中分别将"字体""字号"设置为黑体、四号。

④ 将文本框中的标题文字均设置为加粗。

⑤ 将文本框中的文本段落格式设置为"1.5 倍行距"。

⑥ 选中文本框,在"绘图工具-格式"选项卡的"形状样式"组中单击"形状轮廓"下拉按钮,在弹出的下拉列表中选择"无轮廓"选项。

⑦ 将文本框拖至该页面的合适位置。

【任务 5】设置光圈效果

① 插入圆形。在"插入"选项卡的"插图"组中单击"形状"下拉按钮,选中"椭圆"形状,如图 3-62 所示,此时光标变成"+"字型。在背景图片右上部的合适位置按下鼠标左键,同时按住【Shift】键,通过拖曳鼠标绘制正圆。

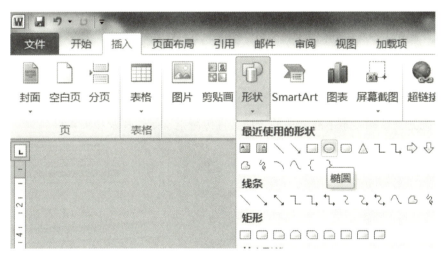

图 3-62 使用形状

② 选中正圆,在"绘图工具-格式"选项卡的"形状样式"组中单击"形状填充"下拉按钮,在弹出的下拉列表中选择"无填充颜色"选项,如图 3-63 左图所示。然后单击"形状轮廓"下拉按钮,选择颜色为"白色,背景 1,深色 15%"的图标,选择"粗

细"为"4.5 磅",如图 3-63 右图所示。

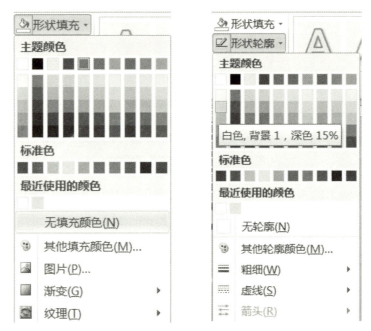

图 3-63　设置形状填充和形状轮廓

③ 继续选中正圆,单击"形状效果"下拉按钮,在弹出的下拉列表中选择"发光"→"紫色,5pt 发光,强调文字颜色 4"选项,选择"柔化边缘"为"1 磅"。

④ 选中已格式化的正圆,调整到适当大小并拖动到合适位置。

⑤ 全部操作完成后,选择"文件"→"另存为"命令,打开"另存为"对话框,确定保存位置按要求保存文件。

四、任务拓展

设计并制作学院运动会宣传海报。

(1) 通过互联网搜索下载合适的运动会宣传海报背景图片及相关素材。

(2) 设计运动会海报版式及内容。

(3) 参考本次实验任务制作运动会宣传海报。

第4章
Excel 2010 电子表格

实验一 工作表的编辑与格式化

一、实验目的

(1) 掌握工作表的创建、打开与编辑方法。
(2) 掌握数据的输入和编辑方法。
(3) 掌握数据序列的填充方法。
(4) 掌握工作表及表中数据的格式化方法。

二、实验内容

(1) 工作表的重命名和删除,保存工作簿文件。
(2) 单元格内容的输入和单元格格式的设置。
(3) 插入行及单元格的合并操作。
(4) 设置行高、列宽及单元格区域的边框和底纹。
(5) 工作表复制、主题应用、条件格式及自动套用格式。

三、实验任务及操作步骤

【任务1】工作表的重命名和删除

具体要求：将 Sheet1 工作表改名为"12 月加班记录",并删除工作表 Sheet2 和 Sheet3,保存工作簿文件。

① 启动 Microsoft Excel 2010 电子表格处理软件,新建一个工作簿文件。

② 双击工作表标签 Sheet1,输入新的工作表名称"12 月加班记录",按 Enter 键确认后即可将工作表 Sheet1 重命名(也可在单击 Sheet1 工作表标签后右击,在弹出的快捷菜单中选择"重命名"命令完成)。

③ 单击"Sheet2"工作表标签后,按住【Ctrl】键单击"Sheet3"工作表标签,同时选中两张工作表,然后单击"开始"选项卡的"单元格"组的"删除"按钮右侧的下拉三角按钮,在下拉菜单中选择"删除工作表"命令(或在工作表标签区域右击,在弹出

的快捷菜单中选择"删除"命令）。

④ 单击"文件"选项卡中的"保存"命令，弹出"另存为"对话框，请输入班级和姓名，将新建的工作簿保存到学生作业文件夹。

【任务2】单元格内容的输入和单元格格式的设置

根据图 4-1 的电子表格内容进行输入，具体要求：在"序号"列输入编号 001，002，003，……，013，在"值班日"列输入 1 月 2 日至 1 月 18 日的工作日日期；设置 F2：F14 单元格区域的加班费的数值保留一位小数和添加千位分隔符、货币符号"￥"；在 B10 单元格中添加批注，内容为"最佳护士"。

	A	B	C	D	E	F	G
1	序号	姓名	职务	开始时间	结束时间	加班费	值班日
2	001	姜志刚	主任	18:00	12:00	1200	1月2日
3	002	李昌美	护士	18:00	12:00	1000	1月3日
4	003	姚玲	医生	0:00	8:00	400	1月4日
5	004	熊雨	医生	1:00	9:30:00	600	1月7日
6	005	邓小欣	护士	18:00	12:00	500	1月8日
7	006	唐瑛	医生	18:00	12:00	1400	1月9日
8	007	杨荣健	护士	0:00	4:30	650	1月10日
9	008	胡林	护士	1:00	5:30	600	1月11日
10	009	林玲	医生	18:00	12:00	1600	1月14日
11	010	蹇枫霞	护士	18:00	12:00	400	1月15日
12	011	范国毅	护士	4:00	8:30	900	1月16日
13	012	段叶萍	医生	5:00	9:30	1300	1月17日
14	013	郑择意	医生	6:00	10:30	1500	1月18日

图 4-1 电子表格内容输入

① 选中 A2：A14 单元格区域，单击"开始"选项卡的"字体"组中的"数字"按钮右侧的下拉三角按钮，弹出"设置单元格格式"对话框，选择"数字"选项卡中的"文本"，表明此区域输入的数字是文本字符，然后选择 A2 单元格输入数字文本字符"001"；或者双击 A2 单元格，确认输入法处于半角英文标点符号状态，然后输入"'001"，按 Enter 键后可看到该单元格左上角出现了绿色的三角标志，表明此单元格输入的是数字文本字符（非数值数据）。

② 单击 A2 单元格，将指针指向单元格右下角的填充柄，当其变为"+"形状时，单击并向下拖动到 A14 单元格，松开鼠标左键，完成自动填充。

③ 双击 G2 单元格，输入"1/2"，按 Enter 键确认后可看到单元格中自动出现了"1月2日"的日期型数据。拖动选中 G2：G14 单元格区域后，单击"开始"选项卡的"编辑"组中的"填充"按钮右侧的下拉三角按钮，在下拉菜单中选择"系列"命令，然后在弹出的"序列"对话框中选择日期单位为"工作日"，如图 4-2 所示，单击"确定"按钮。

④ 输入加班费之前，先选中 F2：F14 单元格区域，单击"开始"选项卡的"数字"

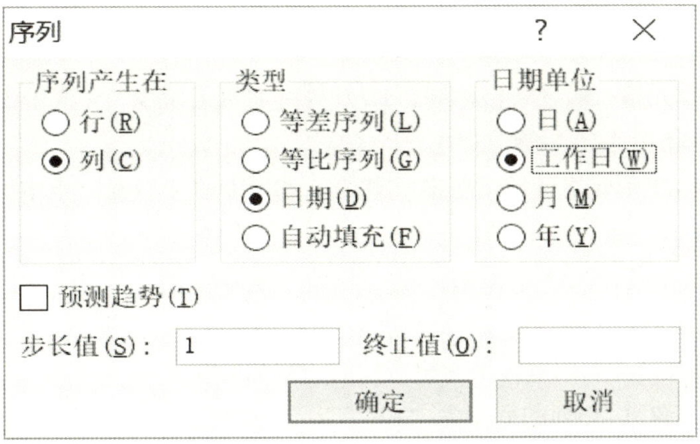

图 4-2 "序列"对话框

自定义功能区中的下三角按钮,在弹出的"设置单元格格式"对话框中"数字"选项卡中选择"数值"选项,将小数位数改成"1",并且勾选"使用千位分隔符"复选框,参数设置如图 4-3 所示,单击"确定"按钮,再选择"货币"选项,将货币符号修改为"¥"的符号。

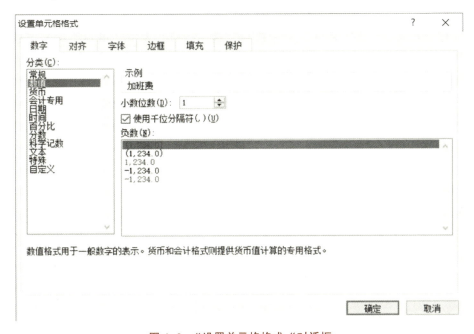

图 4-3 "设置单元格格式"对话框

⑤ 单击 B10 单元格,然后单击"审阅"选项卡的"批注"组中的"新建批注"按钮,添加批注,内容为"最佳员工"。

【任务 3】插入行及单元格的合并操作

具体要求:在最上端插入一行,输入表格标题"12 月科室加班记录表";将 A1:G1 单元格区域合并,并设置水平居中、标题字体为黑体,字号为 26 磅。

① 在行号区单击行号"1",选中该行,然后单击"开始"选项卡的"单元格"组中的"插入"按钮,在表格最上端插入一行。

② 双击 A1 单元格,输入表格标题"12月科室加班记录表"(或单击 A1 单元格,将光标定位到编辑框后,输入标题文字)。

③ 选中 A1:G1 单元格区域,单击"开始"选项卡的"对齐"组中的"合并后居中"按钮。

④ 单击选中合并后的 A1 单元格,在"开始"选项卡的"字体"组中设置字体为黑体,字号为 26。

【任务 4】设置行高、列宽及单元格区域的边框和底纹

具体要求:设置 B~E 列的列宽为"10",1~2 行的行高为"30";为 A2:G15 单元格区域添加红色双实线外边框、绿色单实线内边框,并将 A2:G2 单元格区域的底纹设置为黄色。

① 在列名区单击拖动选中 B~E 列,然后单击"开始"选项卡的"单元格"组中的"格式"按钮,在下拉菜单中选择"列宽"命令,并在弹出的对话框中输入列宽值"10"。

② 在行名区单击拖动选中 1~2 行,确定光标处于 1~2 行内时右击,在弹出的快捷菜单中选择"行高"命令,在对话框中输入行高值"30"。

③ 选中 A2:G15 单元格区域,单击"开始"选项卡的"字体"组中的"边框"按钮右侧的下拉三角按钮,在下拉菜单中选择"其他边框"命令,弹出"设置单元格格式"对话框,如图 4-4 所示。选择"线条"栏中的最细单实线,选择"颜色"栏中的绿色,单击"预置"栏中的"内部"按钮,然后选择"线条"栏中的双实线,选择"颜色"栏中的红色,单击"预置"栏中的"外边框"按钮,单击"确定"按钮关闭该对话框。

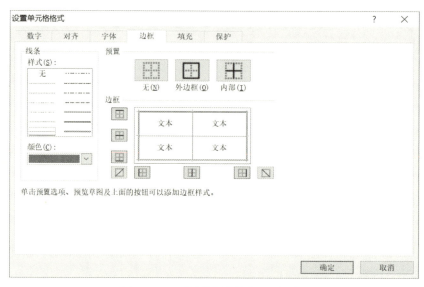

图 4-4 "设置单元格格式"对话框

提示:如果需要制作斜线表头,需分行书写表头文字,在单元格中输入一行文本后,

可以按【Alt+Enter】组合键在单元格内换行，继续输入其他的表头文字，为单元格选择线型后，添加图 4-4 中"边框"栏右下角的斜线边框。

④ 选中 A2：G2 单元格区域，单击"开始"选项卡的"字体"组中的"填充颜色"按钮右侧的下拉三角按钮，在下拉菜单中选择"标准色"组中的"黄色"进行底纹设置。

【任务 5】工作表复制、主题应用、条件格式及自动套用格式。具体要求：在本工作簿中将"12 月加班记录"工作表复制到最后位置，命名为"格式编辑"；设置该工作表主题为"极目远眺"；为 A2；G15 单元格区域套用表格格式"表样式浅色 2"；利用条件格式化功能为"加班费"列中大于 1000 的数据设置单元格格式，文本颜色为"蓝色"、底纹颜色为"黄色"、填充图案样式为"50%灰色"，如图 4-5 所示。

	A	B	C	D	E	F	G
1	12月科室加班记录表						
2	序号	姓名	职务	开始时间	结束时间	加班费	值班日
3	001	姜志刚	主任	18:00	12:00	¥1,200.0	1月2日
4	002	李昌美	护士	18:00	12:00	¥1,000.0	1月3日
5	003	姚玲	医生	0:00	8:00	¥400.0	1月4日
6	004	熊雨	医生	1:00	9:30:00	¥600.0	1月7日
7	005	邓小欣	护士	18:00	12:00	¥500.0	1月8日
8	006	唐瑛	医生	18:00	12:00	¥1,400.0	1月9日
9	007	杨荣健	护士	0:00	4:30	¥650.0	1月10日
10	008	胡林	护士	1:00	5:30	¥600.0	1月11日
11	009	林玲	医生	18:00	12:00	¥1,600.0	1月14日
12	010	蹇枫霞	护士	18:00	12:00	¥400.0	1月15日
13	011	范国毅	护士	4:00	8:30	¥900.0	1月16日
14	012	段叶萍	医生	5:00	9:30	¥1,300.0	1月17日
15	013	郑择意	医生	6:00	10:30	¥1,500.0	1月18日

图 4-5　科室加班记录表

① 右击"12 月加班记录"工作表标签，在弹出的快捷菜单中选择"移动或复制"命令，然后在"移动或复制工作表"对话框中选中"建立副本"复选框，选择位置为"移至最后"，如图 4-6 所示，单击"确定"按钮。接着选择新复制的"12 月加班记录（2）"工作表标签，参考任务 1 的方法，将该表重命名为"格式编辑"。

② 在"格式编辑"工作表中，单击"页面布局"选项卡的"主题"组中的"主题"按钮，在下拉菜单的内置列表框中选择"极目远眺"，然后选中 A2；G15 单元格区域，单击"开始"选项卡的"样式"组中的"套用表格格式"按钮，在下拉菜单中选择"表样式浅色 2"格式。

③ 选中 F3：F15 单元格区域，单击"开始"选项卡的"样式"组中的"条件格式"按钮，在下拉菜单中选择"新建规则"命令，并按图 4-7 进行设置。然后单击"格式"按钮，在弹出的"设置单元格格式"对话框的"字体"选项卡中设置单元格文本的颜色为"蓝色"，再切换到"填充"选项卡，设置底纹颜色为"黄色"、填充图案样式为"50%灰色"，如图 4-8 所示。

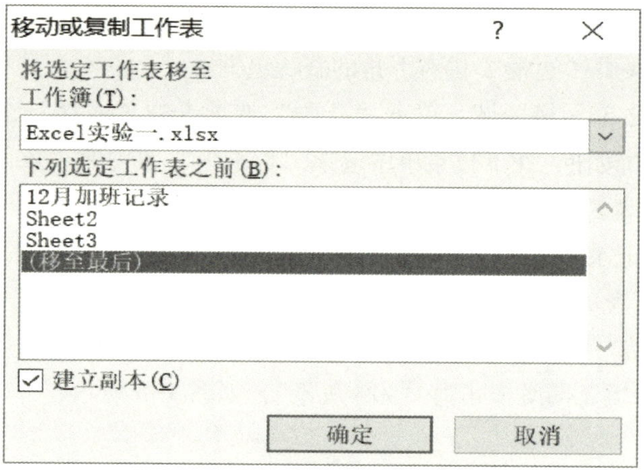

图 4-6 "移动或复制工作表"对话框

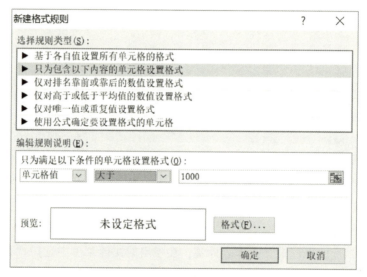

图 4-7 "新建格式规则"对话框

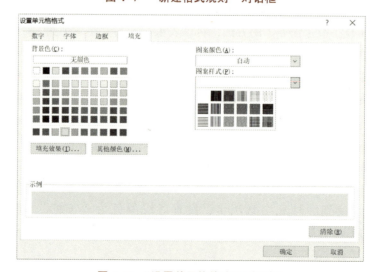

图 4-8 "设置单元格格式"对话框

四、任务拓展

（1）工作簿文件夹的创建：在 D 盘中创建"学生基本情况表.xlsx"，并将素材"练习.xlsx"，工作簿的 Sheet1 表中的 A1：F19 数据复制到 Sheet1 中。

（2）将"学号"列移到"姓名"列之前。

（3）在第 18、19 行之间插入一行，并添入内容"951011""王小红""F"" ｛1995/10/12""500"。

（4）在"学号"列前插入一列，并输入序号，序号的内容分别为 01，02，03，04……

（5）将"学生基本情况表.xlsx"工作簿文件保存到 D 盘中，再次打开已保存的"学生基本情况表.xlsx"工作簿文件。

实验二　公式与函数的使用

一、实验目的

（1）掌握公式的使用方法。
（2）掌握常用函数的使用方法。
（3）理解并掌握相对地址与绝对地址的使用方法。

二、实验内容

（1）掌握公式的输入、算术运算符在公式中的应用。
（2）掌握 SUM、AVERAGE、IF、COUNT、MAX 等常用函数的使用。
（3）熟悉全部函数中的 MIN、RANK、COUNTIF、SUMIF 参数设置和使用。
（4）相对地址和绝对地址在公式和函数中的灵活应用。

三、实验任务及操作步骤

本实验在"Excel 实验二工资表.xlsx"素材文件中完成以下任务操作：

【任务 1】如图 4-9 所示，在 Excel"工资详单表"工作表中，按要求使用公式计算应发工资、税金和税后工资，起征点确定为每月 5000 元，适合教师的个税部分税率为：工资 5000~8000 的部分 3%、8001~17000 的部分 10% 二档税率。

打开素材文件，选择"工资单"工作表。

① 计算应发工资。双击 G3 单元格，在光标出现后输入公式" = D3+E3-F3"，并按【Enter】键确认公式输入（或单击编辑栏中的"√"按钮）。单击选中 G3 单元格，并将光标移动到该单元格右下角，当光标变为"+"形状时，按住鼠标左键不放，使用填充柄向下拖动到 G12 单元格，利用公式自动填充 G4：G12 单元格区域的值。

② 计算税金。根据个税的征收档位，税金分为三种情况：工资在 5000 以下的，例如，H8 税金直接输入 0；工资在 5000~8000，例如，H5 税金输入公式" =（G5-5000）*0.03"；工资在 8001~1700，例如，H3 税金输入公式" =（G5-5000）* 0.1-210"。或者双

	A	B	C	D	E	F	G	H	I
1	2018年12月工资详单								
2	序号	姓名	职称	基本工资	各种补贴	各项扣款	应发工资	税金	税后工资
3	01	张金	教授	¥10, 500	4100	1350			
4	02	李纪东	副教授	¥7, 500	2800	980			
5	03	赵真	讲师	¥5, 000	3000	760			
6	04	王静	助教	¥4, 000	2000	550			
7	05	王红	讲师	¥5, 000	2000	780			
8	06	梁敏	助教	¥3, 000	2200	500			
9	07	周洲	教授	¥11, 500	4500	1500			
10	08	侯闽江	副教授	¥7, 000	2400	800			
11	09	卫为	讲师	¥6, 000	2000	820			
12	10	林琳	助教	¥4, 500	1600	600			

工资单

图 4-9 工资详单表

击 H3 单元格，利用 IF 函数的嵌套来实现，在 H3 单元直接输入 IF 函数“=IF(G3>8000,(G3-5000) * 0.1-210, IF(G3>5000,(G3-5000) * 0.03, 0))”，利用填充柄向下拖动自动填充 H4：H12 单元格区域的值。

③ 计算税后工资。双击 I3 单元格，在光标出现后输入公式“=G3-H3”，并按【Enter】键确认公式输入（或单击编辑栏中的“√”按钮）。利用填充柄向下拖动自动填充 I4：I12 单元格区域的值。

【任务 2】利用函数对“学生期末考试成绩表”进行计算与统计。具体要求：对表中的“总分”列使用 SUM 函数计算；“平均分”列使用 AVERAGE 函数计算；“名次”列使用 RANK 函数计算；“等级”列使用 IF 条件函数条件计算，共分 2 个等级，分别是及格（平均分>= 60）和不及格（平均分<60）；“最高分”行使用 MAX 函数计算；“最低分”行使用 MIN 函数计算；对人数使用 COUNT 函数计算、对及格人数使用 COUNTIF 函数计算；对男生总分、女生总分单元格利用 SUMIF 函数计算；对男生平均分、女生平均分单元格利用 AVERAGEIF 函数计算，学生期末考试成绩表表格内容如图 4-10 所示。

G3 fx

	A	B	C	D	E	F	G	H	I	J
1	学生期末考试成绩表									
2	姓名	性别	数学	英语	语文	计算机	总成绩	平均成绩	名次	等级
3	杨校	男	89	74	75	80				
4	尹妮	女	50	73	73	75				
5	曾聪	男	92	83	86	95				
6	张咪	女	67	56	45	65				
7	王小芳	女	87	90	88	98				
8	张娟	男	71	84	95	80				
9	肖雅	女	65	55	50	55				
10	谢林	男	79	70	80	85				
11	陈丹	女	55	50	65	60				
12	许倩倩	女	70	65	60	70				
13	最高分							男生总分		
14	最低分							女生总分		
15	人数							男生平均分		
16	及格人数							女生平均分		

图 4-10 学生期末考试成绩表

① 打开素材文件，选择"学生期末考试成绩表"工作表。

② 计算"总分"，通过插入常用函数中的 SUM 函数完成。方法一：单击选中 G3 单元格，然后单击"公式"选项卡的"函数库"组中的"Σ自动求和"下方的下拉三角按钮，在下拉菜单中选择"求和"函数，如图 4-11 所示，按【Enter】键确认函数输入；方法二：输入公式参数，双击 G3 单元格，当光标出现后输入"＝SUM（C3：F3）"并按【Enter】键确认。单击选中 G3 单元格，并将光标移动到该单元格右下角，当光标变为实心的"＋"形状时，按住鼠标左键不放，使用填充柄向下拖动到 G12 单元格，利用公式自动填充G4：G12 单元格区域的值。

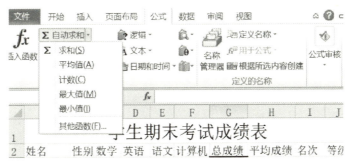

图 4-11　Σ自动求和下拉菜单

③ 计算"平均分"，通过插入常用函数中的 AVERAGE 函数完成，方法与计算"总分"相似。方法一：单击选中 H3 单元格，然后单击"公式"选项卡的"函数库"组中的"Σ自动求和"下方的下拉三角按钮，在下拉菜单中选择"平均值"函数；方法二：单击选中 H3 单元格，然后单击"公式"选项卡的"函数库"组中的"fx 插入函数"按钮或者编辑栏中的 fx 按钮，弹出如图 4-12 所示"插入函数"对话框，选择"常用函数"类别中 AVERAGE 的函数，单击"确定"按钮。在弹出的 AVERAGE 函数参数对话框中，默认 Number1 参数框对当前单元格上方的单元格区域（C3：G3）求算术平均值，检查此单元格区域是否正确，若不正确则需要重新选择单元格区域。本题需要修改参数为 C3：F3（或单击 Number1 参数框右侧的折叠按钮，将对话框折叠以显示数据表，在数据表中拖动选择 C3：F3 单元格区域作为参数后，单击折叠对话框中的展开按钮，还原函数参数对话框），修改后的参数图 4-13，单击"确定"按钮，完成函数的输入，并用填充柄自动填充 H4：H12 单元格区域。

④ 计算"名次"。双击 I3 单元格，当光标出现后输入"＝RANK（G3,G＄3：G＄12）"或"＝RANK（H3,H＄3：H＄12）"并按 Enter 键确认，RANK 排名函数的第二个参数的范围单元格区域参数的列号前必须输入绝对地址符号"＄"，然后利用自动填充功能计算出 I4：I12 单元格区域的值。

⑤ 计算"等级"。选中 J3 单元格，单击"公式"选项卡的"函数库"组中的"fx 插入函数"按钮或者编辑栏中的 按钮，弹出如图 4-12 所示"插入函数"对话框，选择"常用函数"类别中 IF 的函数，单击"确定"按钮，接着在"函数参数"对话框（参见图 4-14）的 Logical_test 栏中输入判定是否及格的条件表达式 H3>=60，在 Value_if_true 栏中

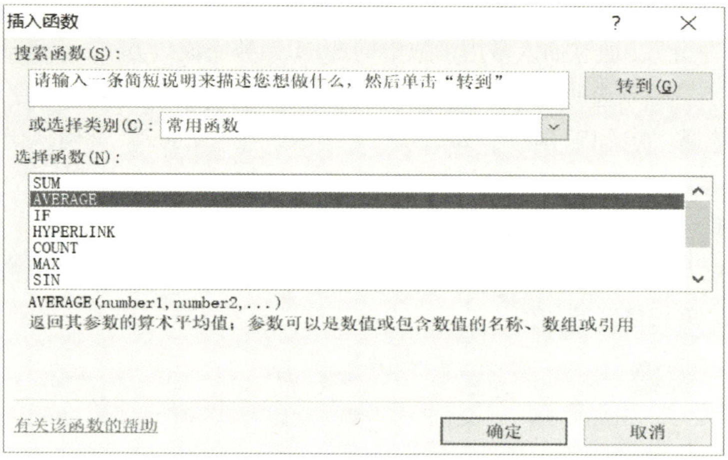

图 4-12 所示"插入函数"对话框

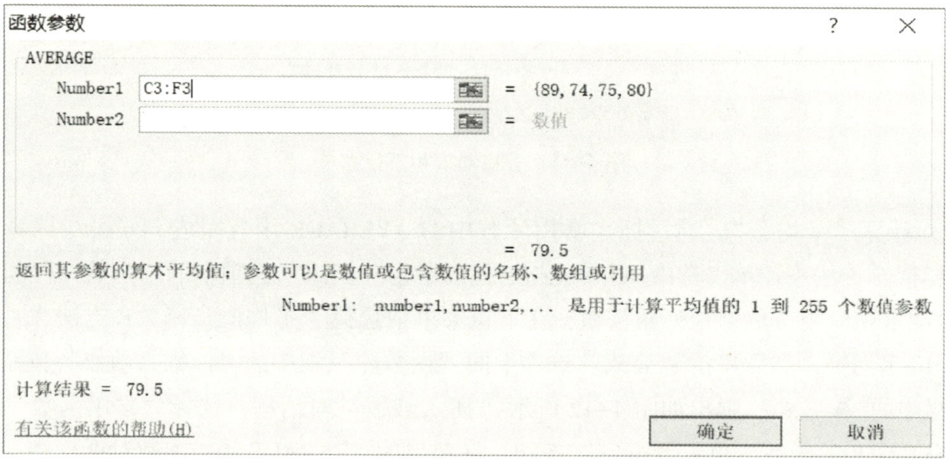

图 4-13 AVERAGE"函数参数"对话框

输入"及格",在 Value_if_false 栏中输入"不及格",单击"确定"按钮。此时 J3 单元格显示对杨校成绩等级为"及格",而编辑栏则显示函数 = IF（H3>=60,"及格","不及格"）。计算出 J3 单元格的值后,利用自动填充功能计算出 J4:JI2 单元格区域的等级。

提示：IF 函数有 3 个参数,第 1 个参数是用来判断条件的关系表达式,第 2 个参数是条件成立时所得的值,第 3 个参数是当条件不成立时所得的值。注意,公式中的标点符号均为半角英文符号。

⑥ 计算"最高分"和"最低分"。参考步骤②或③完成最高分、最低分的函数输入,"最高分"行使用 MAX 函数计算,"最低分"行使用 MIN 函数计算,然后向右自动填充每门课程的最高分和最低分。

⑦ 计算"人数"。参考步骤②或③完成人数的函数输入,"人数"行使用 COUNT 函数,COUNT 函数用于计算所选择区域中不为空值的数值单元格个数,由于分数列都有值（不为空）,因此,C 列到 G 列的计算结果均可为学生的总人数,在弹出的 COUNT 函数参

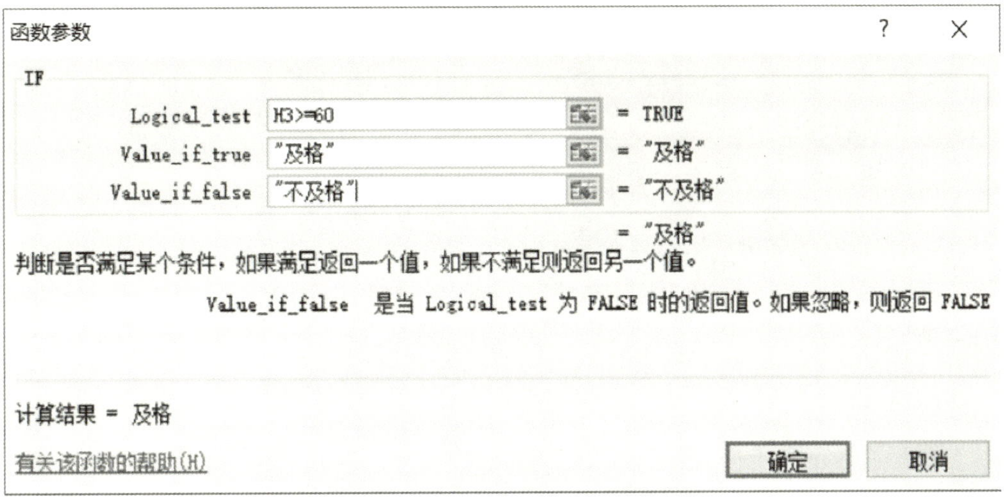

图 4-14 IF "函数参数" 对话框

数对话框中，默认 Value1 参数框对当前单元格上方的单元格区域（C3：C14），本题需要修改参数为 C3：C12，修改后的参数图 4-15，单击"确定"按钮，完成函数的输入。

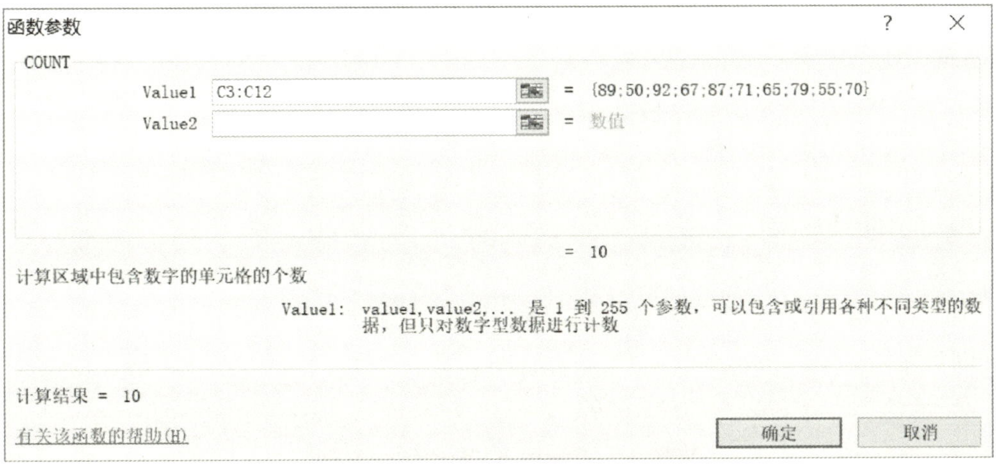

图 4-15 COUNT "函数参数" 对话框

⑧ 计算"及格人数"。单击 C16 单元格，参考步骤②或③完成及格人数的函数输入，选择"全部函数"类别中 COUNTIF 的函数，COUNTIF 函数计算所选择区域满足给定条件的单元格个数，根据计算"及格人数"的范围和条件，COUNTIF 函数参数设置如图 4-16 所示，然后向右自动填充统计每门课程的及格人数。

⑨ 计算"男生总分、女生总分"和"男生平均分、女生平均分"。双击 J13 单元格，当光标出现后输入"=SUMIF(B3：B12,"男", G3：G12)"并按【Enter】键确认，参考步骤②或③的方法，在弹出的"插入函数"对话框中，选择"全部函数"类别中 SUMIF 函数，函数参数设置如图 4-17 所示，双击 J14 单元格，用同样的方法计算"女生总分"。计算"男生平均分"，双击 J15 单元格，当光标出现后输入"= AVERAGEIF(B3：B12,"男",

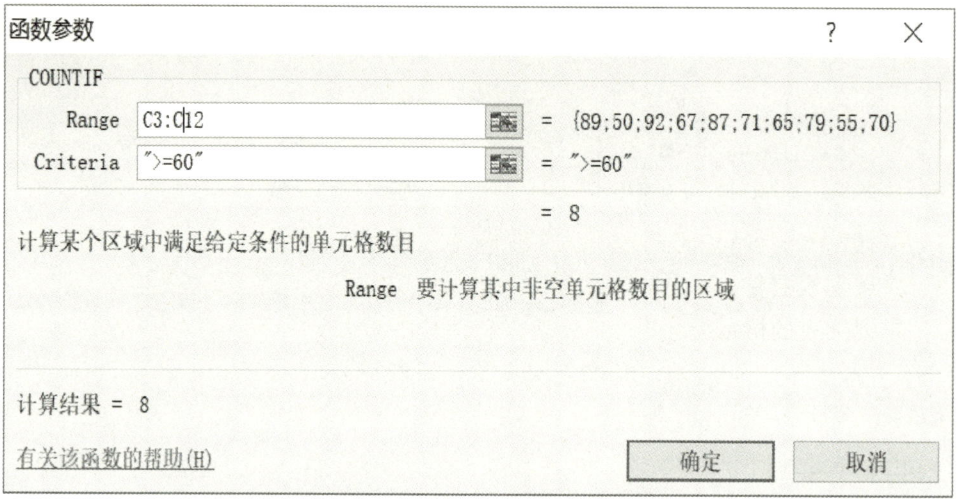

图 4-16 COUNTIF "函数参数"对话框

G3：G12)"并按 Enter 键确认，参考步骤②或③的方法，在弹出的"插入函数"对话框，选择"全部函数"类别中 AVERAGEIF 函数，函数参数设置相同。

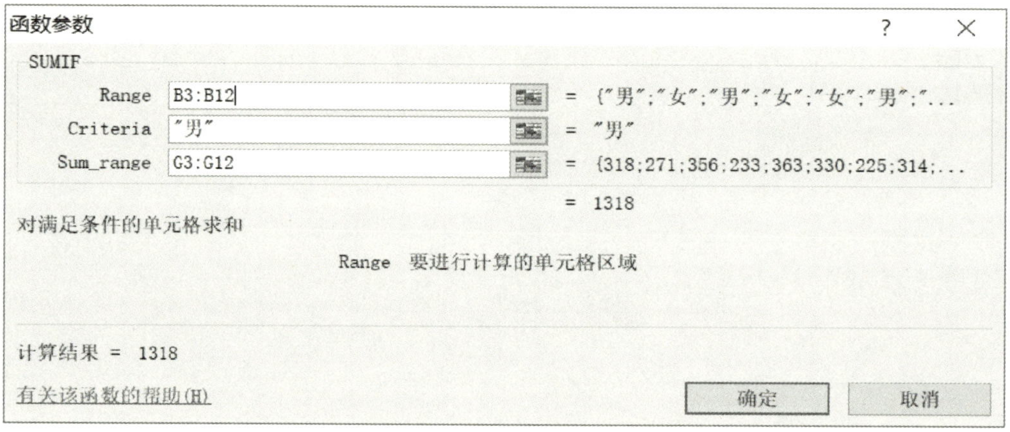

图 4-17 SUMIF "函数参数"对话框

四、任务拓展

选择"人事资料表.xlsx"工作簿文件中的"原始资料"工作表，并按以下要求进行操作：

(1) 在"基本工资"列后添加"职务工资"列，计算职务工资，其中，职务工资是基本工资的 5%。

(2) 使用 SUM 函数分别计算每个人的基本工资、奖金及应发工资的合计。

(3) 使用 IF 函数计算税金。计算规则：当"应发工资"小于或等于 5000 元时免税；当"应发工资"大于 5000 元，小于等于 8000 元时，大于 5000 元的部分交 3%的税；当"应发工资"大于 8000 元时，大于 8000 元的部分交 10%的税。

(4) 用 COUNTIF 函数统计税金在 100 元以上的人数。

实验三　图表处理

一、实验目的

(1) 掌握图表的创建方法。
(2) 掌握图表的整体编辑和对图表中各对象的编辑方法。
(3) 掌握图表的格式化设置。

二、实验内容

本实验在"Excel 实验三图表.xlsx"素材文件中完成以下任务操作：
(1) 利用"学生成绩表"工作表数据创建图表。
(2) 图表的编辑与修改。
(3) 图表的格式化。

三、实验任务及操作步骤

【任务 1】利用"学生成绩表"工作表数据创建图表

具体要求：利用"姓名""数学""英语""语文"和"计算机"5 列数据创建图表，图表类型为"带数据标记的折线图"，并作为对象插入到当前工作表中，图表标题为"各科成绩趋势图"，效果如图 4-18 所示。

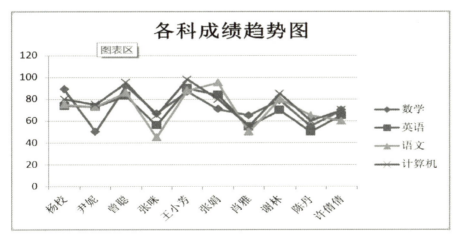

图 4-18　各科成绩趋势图

① 打开素材文件，选择"学生成绩表"工作表。首先选择创建图表的数据区域，在此选择 A3：A12 数据区域，然后按住【Ctrl】键，选择 C3：F12 数据区域。

② 单击"插入"选项卡的"图表"组中的"折线图"按钮，在下拉菜单中选择"二维折线图"中的"带数据标记的折线图"图表类型，或单击"图表"组右下角的展开按

钮，在弹出的"插入图表"对话框中选择图表类型，如图 4-19 所示，单击"确定"按钮，建立好的图表对象会自动插入到当前工作表中。

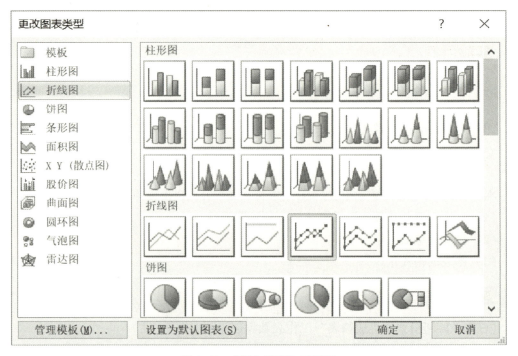

图 4-19 "插入图表"对话框

③ 单击创建的图表，功能区中新增了"图表工具"的"设计""布局"和"格式"3 个选项卡。单击"布局"选项卡的"标签"组中的"图表标题"按钮，在下拉菜单中选择"图表上方"的标题位置，图表中出现了"图表标题"标签框，修改其内容为"各科成绩趋势图"。

【任务 2】图表的编辑与格式化

具体要求：将任务 1 中建立的工作表移动到 Chart1 中；将图例移动到图表底部；为主要纵坐标标题添加竖排文本标题"分数"；改变纵坐标的最大刻度为 100，最小刻度为 40，主要刻度单位为 10；对绘图区使用羊皮纸渐变填充；设置水平坐标轴文字的字体为隶书，字号为 20，图表标题使用红色填充；在"语文"数据列的数据点下方添加数据标签，分别给水平坐标轴和垂直坐标轴添加主要网络线和次要网格线。

① 打开素材文件，选择"学生成绩表"工作表中建立好的图表对象，单击"图表工具丨设计"选项卡的"位置"组中的"移动图表"按钮，在"移动图表"对话框（如图 4-20 所示）中选中"新工作表"单选按钮，确认表名为"Chart1"后，单击"确定"按钮。

② 单击"布局"选项卡的"标签"组中的"图例"按钮，在下拉菜单中选择图例位置为"在底部显示图例"。

③ 单击"布局"选项卡的"标签"组中的"坐标轴标题"按钮，选择"主要纵坐标轴

图 4-20 "移动图表"对话框

标题"级联菜单中的"竖排标题",在图表中标题标签位置改变其文本内容为"分数"。

④ 在"布局"选项卡的"当前所选内容"组的下拉列表中选择"垂直(值)轴"后,单击"设置所选内容格式"按钮,弹出如图 4-21 所示的对话框,设置纵坐标的最大刻度为 100,最小刻度为 40,主要刻度单位为 10。

图 4-21 "设置坐标轴格式"对话框

⑤ 右击图表的绘图区,在弹出的快捷菜单中选择"设置绘图区格式"命令,在弹出的对话框中设置使用预设的羊皮纸渐变填充绘图区,如图 4-22 所示。

⑥ 选中水平坐标轴,在"开始"选项卡的"字体"组中按题目要求设置字体为隶书、字号为 20,然后选中图表标题,在"字体"组中选择填充色为红色。

⑦ 在"布局"选项卡的"当前所选内容"组的下拉列表中选择系列"语文",然后

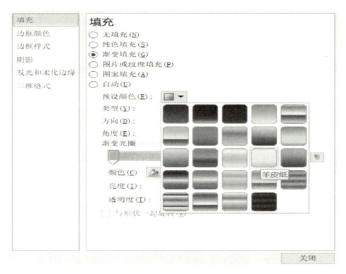

图 4-22 "设置绘图区格式"对话框

单击"标签"组中的"数据标签"按钮,在下拉菜单中选择"下方"。

⑧ 在"布局"选项卡的"当前所选内容"组的下拉列表中选择系列"水平(类别)轴"选择"坐标轴"组中"网格线"级联菜单中的"主要横网络线"级联菜单中的"主要网络线和次要网格线",给水平坐标轴添加主要网络线和次要网格线;选择"布局"选项卡的"当前所选内容"组的下拉列表中选择系列"垂直(值)轴",再用同样的设置给垂直坐标轴添加主要网络线和次要网格线,格式化后的图表如图 4-23 所示。

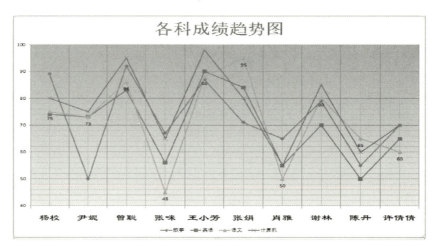

图 4-23 格式化后的图表

四、任务拓展

(1) 打开"人事资料表.xlsx",选择"图表化"工作表,插入一个"三维簇状柱形图"空图表。

(2) 利用"选择数据源"对话框制作工资图表。选择图表数据区域 A2:J18,编辑

"水平（分类）轴标签"，然后选择 B2：B18，编辑"图例项"，再选择多余的数据项进行删除。

实验四　数据管理

一、实验目的

（1）熟练掌握数据排序和筛选的方法。
（2）掌握分类汇总的方法。
（3）掌握数据透视表的使用方法。

二、实验任务

本实验在素材文件中的"学生成绩表"工作表，完成以下任务操作：
（1）数据排序练习（单关键字、多关键字）。
（2）数据筛选练习（自动筛选、高级筛选）。
（3）分类汇总练习。
（4）数据透视表的制作。

三、实验任务及操作步骤

【任务1】数据排序练习（单关键字、多关键字）

本任务在素材文件的"学生成绩表"工作表中完成，具体要求：对表中各列实现单关键字升、降序排序，其中，"姓名"按笔划升序；多关键字排序：先按"总成绩"升序、再按"语文"降序实现多关键字排序。

① 打开素材文件，选择"学生成绩表"工作表。

② 将表中数据以"英语"为关键字，以递减方式排序。单击"英语"所在列包含数据的任意单元格，单击"开始"选项卡的"编辑"组中的"排序和筛选"按钮，在下拉菜单中选择"降序"命令，完成排序。如果未选择包含数据区域的单元格，执行排序命令，会弹出如图排序错误提示消息框。参照此步操作，分别以数学、语文、计算机和总分实现单关键字排序。

③ 将表中数据按"性别"为关键字，进行升序排序。单击"性别"所在列包含数据的任意单元格，然后切换到"数据"选项卡，单击"排序和筛选"组中的"升序"按钮，完成升序排序。

提示：对于汉字，默认按照汉字的拼音字母次序排序。

④ 将表中数据以"姓名"笔划升序排序。单击"数据"选项卡的"排序和筛选"组中的"排序"按钮，弹出"排序"对话框，在"主要关键字"下拉列表中选择"姓名"，在"次序"下拉列表中选择"升序"，然后单击"选项"按钮，在弹出的"排序选项"对话框中选择"方法"为"笔划排序"，如图 4-24 所示，再依次单击对话框中的"确定"

按钮,完成排序。

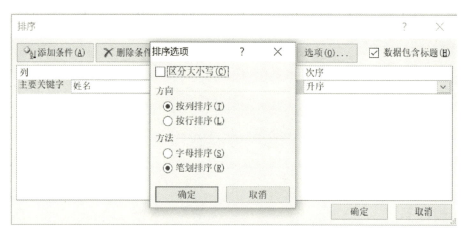

图 4-24 "排序"和"排序选项"对话框

⑤ 多关键字排序,先按"总成绩"升序排序,如果"总成绩"相同再按"语文"降序排序。选择 A2:G12 单元格区域后,右击弹出快捷菜单,选择"排序"命令的级联菜单中的"自定义排序"命令,弹出"排序"对话框,在"主要关键字"下拉列表中选择"总成绩",在"次序"下拉列表中选择"升序",然后单击"添加条件"按钮,出现次要关键字的设置,用同样的方法设置为"语文""降序",如图 4-25 所示。最后,单击"确定"按钮,关闭对话框。结果如图 4-26 所示,并将工作表复制并改名为"学生成绩表排序"工作表。

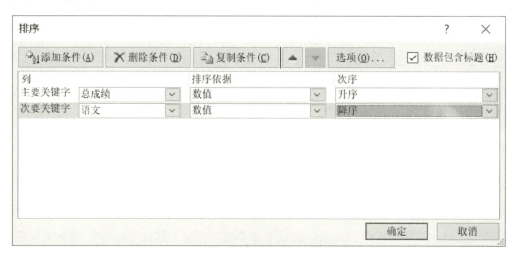

图 4-25 多关键字排序对话框

【任务 2】数据筛选练习(自动筛选、高级筛选)

本任务在素材文件的"学生成绩表"工作表中完成,具体要求:自动筛选,在此筛选出表中总分列大于 300 分的数据、使用通配符筛选出表中姓张或姓王的学生数据、筛选出数学成绩介于 60 到 80 分之间的数据;高级筛选,在此筛选出数学和计算机成绩大于等于

	A	B	C	D	E	F	G	H
1	学生期末考试成绩表							
2	姓名	性别	数学	英语	语文	计算机	总成绩	平均成绩
3	肖雅	女	65	55	50	55	225	56.3
4	陈丹	女	55	50	65	60	230	57.5
5	张咪	女	67	56	45	62	230	57.5
6	许倩倩	女	70	65	60	70	265	66.3
7	尹妮	女	50	73	73	75	271	67.8
8	谢林	男	79	70	80	85	314	78.5
9	杨校	男	89	74	71	80	314	78.5
10	张娟	男	71	84	95	80	330	82.5
11	曾聪	男	92	83	86	95	356	89.0
12	王小芳	女	87	90	88	98	363	90.8

图 4-26 多关键字排序的结果

85 分或语文和英语成绩大于等于 80 分的学生数据。并将筛选结果复制到本工作表中 A16 起始的单元格区域。

① 打开素材文件，选择"学生成绩表"工作表。然后选中所有数据区域或其中任意一个单元格，单击"数据"选项卡的"排序和筛选"组中的"筛选"按钮，启动自动筛选，可以看到，数据区中所有标题列单元格的右侧出现了下拉三角按钮。

② 单击总分标题单元格中的下拉三角按钮，选择"数字筛选"中的"大于"命令，在弹出的"自定义自动筛选方式"对话框中设置总分大于 300，如图 4-27 所示。

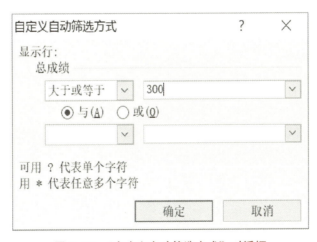

图 4-27 "自定义自动筛选方式"对话框

提示：单击"排序和筛选"组中的"清除"按钮，可清除筛选，显示所有数据。

③ 单击姓名标题单元格中的下拉三角按钮，选择"文本筛选"中的"自定义筛选"命令，使用通配符 * 和"或"单选按钮，按图 4-28 设置筛选条件，筛选出表中姓张或姓

王的学生数据。

④ 单击"数学"标题单元格中的下拉三角按钮,在展开菜单中选择"数字筛选"的"介于"命令,在弹出的"自定义自动筛选方式"对话框中设置数值范围,如图4-29所示。

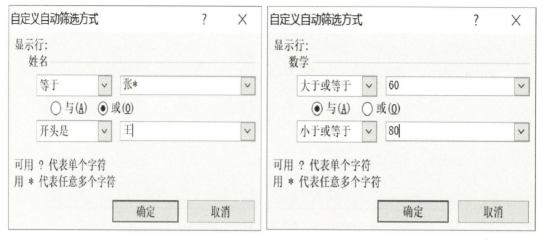

图 4-28 通配符的使用　　　　　图 4-29 区间数据的筛选方法

⑤ 使用高级筛选首先要设置筛选条件,在此筛选条件区域为 C13:F15,在 C13、D13、E13、F13 分别输入数学、英语、语文、计算机等课程名称,表达式的输入如图4-31所示,条件相与的表达式写在同一行,条件相或的表达式写在不同的行,然后单击"数据"选项卡的"排序和筛选"组中的"高级"按钮,弹出"高级筛选"对话框,依次选择并修改"方式""列表区域""条件区域""复制到"等内容,如图4-30所示设置"高级筛选"的参数,筛选结果如图4-31所示,并将工作表复制并改名为"学生成绩表筛选"工作表。

图 4-30 "高级筛选"对话框

图 4-31 高级筛选结果

【任务3】 分类汇总练习

此任务在素材文件的"学生成绩表"工作表中完成,具体要求:将"学生成绩表"中的数据按照"性别"分类,并汇总"语文""数学""总成绩"的总分,汇总结果显示在数据下方。

① 打开素材文件,选择"学生成绩表"工作表。注意,在分类汇总前必须首先将学生的数据按性别排序(本例选择降序)。

② 单击"数据"选项卡的"分级显示"组中的"分类汇总"按钮,弹出"分类汇总"对话框,按照题目要求修改相关内容,如图4-32所示。分类汇总结果如图4-33所示,将工作表复制并改名为"学生成绩表分类汇总"工作表。

图 4-32 "分类汇总"对话框

		A	B	C	D	E	F	G	H
	1			学生期末考试成绩表					
	2	姓名	性别	数学	英语	语文	计算机	总成绩	平均成绩
	3	谢林	男	79	70	80	85	314	78.5
	4	杨校	男	89	74	71	80	314	78.5
	5	张娟	男	71	84	95	80	330	82.5
	6	曾聪	男	92	83	86	95	356	89.0
	7		男 汇总	331	311			1314	
	8	肖雅	女	65	55	50	55	225	56.3
	9	陈丹	女	55	50	65	60	230	57.5
	10	张咪	女	67	56	45	62	230	57.5
	11	许倩倩	女	70	65	60	70	265	66.3
	12	尹妮	女	50	73	73	75	271	67.8
	13	王小芳	女	87	90	88	98	363	90.8
	14		女 汇总	394	389			1584	
	15		总计	725	700			2898	

图 4-33 分类汇总结果

【任务4】数据透视表的制作

本任务利用素材文件的"学生成绩表"工作表中的数据完成,具体要求:新建一个数据透视表,并以"性别"为行标题,以"数学"为求和项,对"英语"求最大值、"语文"求平均值;从当前工作表的I2单元格处建立数据透视表。

① 打开素材文件,选择"学生成绩表"工作表。

② 单击"插入"选项卡的"表格"组中的"数据透视表"按钮,弹出"创建数据透视表"对话框,确认或重新选择表/区域数据。选中"选择放置数据透视表的位置"栏中的"现有工作表"单选按钮,输入位置,或单击折叠按钮,再单击当前工作表中的I2单元格,选定位置,如图4-34所示,然后单击"确定"按钮。

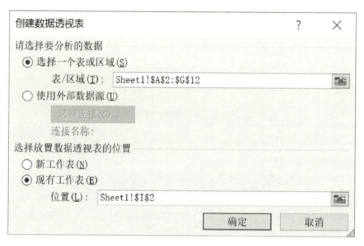

图4-34 "创建数据透视表"对话框

③ 在打开"数据透视表字段列表"任务窗格的同时,将题目要求的字段依次拖放到相应区间,将"性别"字段拖到"行标签"区间,将"数学""英语""语文"等数值型字段拖到"数值"区间,如图4-35所示。单击"数值"区间"求和:英语",在弹出的菜单中选择"值字段设置"命令,然后在弹出的对话框中设置值汇总方式为"最大值",如图4-36所示。同理设置"语文"的值汇总方式为"平均值",此时可以看到建立的数据透视表,如图4-37所示。最后关闭"数据透视表字段列表"任务窗格,结束数据透视表的创建,将工作表改名为"学生成绩透视表"工作表。通过创建的数据透视表,可分别看到男生或女生的数据透视结果。

图 4-35 "字段列表"任务窗格　　　图 4-36 "值字段设置"对话框

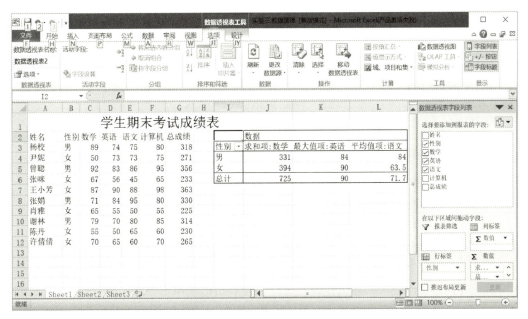

图 4-37 "数据透视表"结果

四、任务拓展

（1）在"人事资料表.xlsx"中按基本工资由高到低重新排列顺序。

（2）筛选实发工资在 3000 元以上的女职工。

（3）使用高级筛选，筛选出计算机系的讲师和法律系的副教授。

（4）按院系分类汇总奖金和实发工资的和。

（5）创建数据透视表，统计各院系各职称男、女职工的税金和实发工资的和，以及各院系男、女职工人数。

第5章
PowerPoint 2010演示文稿

实验一　PowerPoint 2010 基本操作

一、实验目的

(1) 了解 PowerPoint 2010 应用程序窗口和视图切换操作。
(2) 掌握幻灯片中文本的输入与编辑。
(3) 掌握幻灯片版式设置方法。
(4) 掌握对象插入的方法。

二、实验内容

(1) 演示文稿的新建及保存，各种视图切换的操作。
(2) 演示文稿的文本录入、编辑及格式设置。
(3) 幻灯片增减及版式的设置。
(4) 插入与编辑图片、剪辑画、表格、艺术字等对象。

三、实验任务及操作步骤

【任务1】演示文稿的创建与保存，视图方式的切换操作

① 单击"开始"→"所有程序"→Microsoft Office→Microsoft PowerPoint 2010 启动程序，程序启动后会自动创建一个空白演示文档，并自动选择"标题幻灯片版式"。

② PowerPoint 2010 应用程序窗口状态栏右侧有 4 种视图切换按钮，分别是普通视图、幻灯片浏览视图、幻灯片放映视图和阅读视图。分别单击 1 个按钮，查看 PowerPoint 不同视图状态。

③ 单击"文件"选项卡"保存"按钮，在弹出的"另存为"对话框中选择文件保存位置并将文件保存为"个人简历.pptx"。

【任务2】文本的输入与编辑

① 选择第一张幻灯片中主标题占位符中输入"个人简历"，如图 5-1 所示。选中"个人简历"文本框，单击"开始"选项卡→"字体"组的功能按钮，将字体、字形和字号

设置为"宋体、48磅、粗体",如图5-2所示。

图 5-1　选中主标题占位符

图 5-2　字体、字形、字号设置

② 选择副标题占位符"李红",单击"开始"选项卡→"字体"组→"字体颜色"下拉菜单→"其他颜色",如图5-3所示,系统弹出"颜色"对话框,如图5-4所示,选择"自定义"选项卡,颜色模式选择"RGB",红色为250,绿色为3,蓝色为2,单击"确定"按钮,可以将文字"李红"设置为自定义的红色。

图 5-3　字体颜色下拉菜单

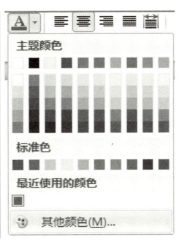

图 5-4　颜色对话框

【任务3】新幻灯片的插入及其版式的设置

① 在"幻灯片/大纲窗格"的"幻灯片"选项卡中,将光标定位到第1张幻灯片后右击,在弹出的快捷菜单中选择"新建幻灯片",如图5-5所示,默认情况下,将自动新建一张版式为"标题和内容"的幻灯片。

② 在第2张幻灯片的标题部分输入"简历目录",幻灯片内容部分分行输入:基本资料,学习经历,外语能力和计算机能力,自我评价,如图5-6所示。

③ 修改第2张幻灯片的版式为"标题和竖排文字",可在该幻灯片空白区域右击,在弹出的快捷菜单中选择"版式"→"标题和竖排文字",实现版式修改操作,修改后的版式如图5-7所示。

图 5-5 利用右键菜单新建幻灯片

图 5-6 "版式"菜单

图 5-7 "标题和竖排文字"版式

【任务 4】在幻灯片中插入剪辑画、表格、图片、艺术字等对象,并对其进行编辑。

① 选择第 2 张幻灯片,将光标定位到幻灯片文本区域,单击"插入"选项卡→"图像"功能组→"剪贴画",显示"剪贴画"窗格,如图 5-8 所示,在"搜索文字"中输入剪贴画关键字,如 computers,结果类型选择"所有媒体文件类型",单击"搜索"按钮,将搜索出与关键字相关的剪贴画,单击所需剪贴画,即可在当前幻灯片中插入该图片,如图 5-9 所示。

② 选择插入后的剪贴画可出现 8 个控制点用于调整剪贴画的大小,选择剪贴画并将其移动到幻灯片左侧。

③ 在第 2 张幻灯片后插入第 3 张幻灯片,幻灯片版式为"标题和内容"。在幻灯片标题占位符中输入"基本资料"。将光标定位到幻灯片文本区域,单击"插入"选项卡→"表格"功能组→"表格"按钮,在下拉菜单中选择"插入表格",弹出"插入表格"对

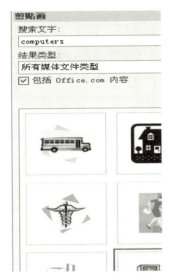

图 5-8　搜索"剪贴画"

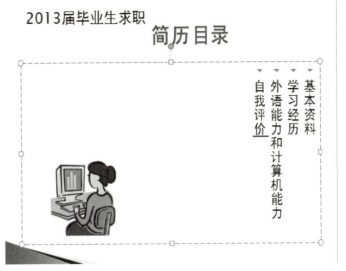

图 5-9　在幻灯处中插入"剪贴画"

话框，如图 5-10 所示，输入 5 列 7 行，单击"确定"按钮，即可在当前幻灯片文本区域中插入表格，如图 5-11 所示，对表格中的单元格进行合并后，输入姓名、性别、籍贯等个人信息。

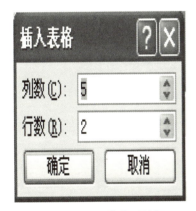

图 5-10　插入表格对放框

图 5-11　插入"表格"后的幻灯片

④ 在第 3 张幻灯片中，单击"插入"选项卡→"图像"功能组→"图片"，系统弹出"插入图片"对话框，如图 5-12 所示，选择所需的图片，单击"插入"按钮，完成图片插入操作。图片插入后可进行图片大小调整和旋转角度的调整。双击插入后的图片，单击"格式"选项卡→"图片样式"功能组，根据题目要求，从样式列表中选择"矩形投影"外边框，如图 5-13 所示。

⑤ 在第 3 张幻灯片后插入第 4 张幻灯片，幻灯片版式为"标题和内容"。在幻灯片标题占位符区域输入文字"自我评价"。单击"插入"选项卡→"文本"功能组→"艺术字"下拉菜单，如图 5-14 所示，选择一种艺术字效果，当艺术字编辑区域显示在幻灯片中时，输入文字"性格开朗，踏实认真，有较强的组织能力和学习能力，具备团队合作精

神",如图 5-15 所示,完成艺术字插入操作。

单击"文件"选项卡→"保存"按钮,将本次实验操作进行保存。

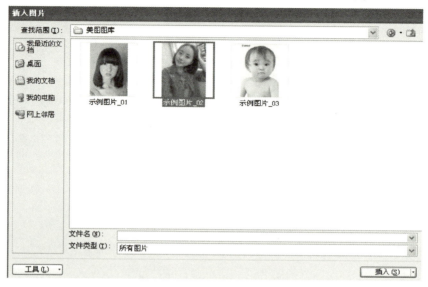

图 5-12 "插入图片"对话框

5-13 "插入图片"后的幻灯片

图 5-14 "艺术字"列表   图 5-15 "艺术字"效果

四、任务拓展

打开实验一的"个人简历"演示文稿,完成以下内容:

(1) 在第一张幻灯片后添加一张幻灯片,其版式为"标题和内容",在内容中选择"插入 SmartArt 图形",利用组织结构图建一个图形化的目录。

(2) 在最后一张幻灯片后添加一张幻灯片,其版式为"空白",插入一段个人介绍的视频文件或者插入一段个人介绍的声音(可以是自己用手机录制的视频或声音)。

(3) 利用自选图形,给所有幻灯片的边框或内容加入一些美化的线条或背景框,注意线条和填充的形状、粗细、颜色的变化。

(4) 单击"文件"选项卡→"另存为"按钮,将本次实验操作进行保存,文件名为:个人简历 1.pptx。

实验二 PowerPoint 2010 的高级操作

一、实验目的

(1) 掌握演示文稿的外观设计。
(2) 掌握演示文稿的动画设置。
(3) 掌握演示文稿的放映方式。

二、实验内容

(1) 幻灯片母版操作方式。
(2) 幻灯片的主题设置及背景设置。
(3) 幻灯片的切换动画、自定义动画设置。
(4) 演示文稿放映方式的设置。
(5) 超链接的插入与动作设置。

三、实验任务及操作步骤

【任务 1】打开实验一保存的"个人简历.pptx",在每张幻灯片左上角添加文字"2013 届毕业生求职",除第 1 张幻灯片外,每张幻灯片右下角添加编号。

① 单击"视图"选项卡→"母版视图"功能组→"幻灯片母版",即可切换到幻灯片母版视图。单击"插入"选项卡→"文本"功能组→"文本框"→"横排文本框",在幻灯片母版左上角绘制文本框并输入"2013 届毕业生求职",如图 5-16 所示。

② 单击"幻灯片母版"选项卡→"关闭母版视图"按钮即可结束幻灯片母版编辑。此时该演示文稿中的每张幻灯片左上角均添加文字"2013 届毕业生求职"。单击"插入"选项卡→"文本"功能组→"幻灯片编号",在弹出的"页眉和页脚"对话框中勾选"幻灯片编号"和"标题幻灯片中不显示",单击"全部应用"按钮即可实现除第 1 张幻灯片

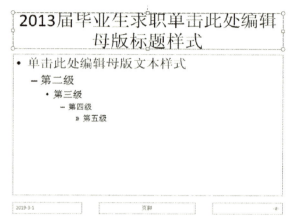

图 5-16　幻灯片母版

外其余幻灯片均添加编号，如图 5-17 所示。

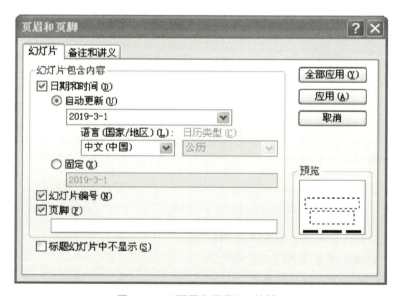

图 5-17　"页眉和页脚"对话框

【任务 2】幻灯片主题修改为"聚合"，第 1 张幻灯片背景修改为预设颜色"金色年华"，类型为"标题的阴影"。

① 单击"设计"选项卡→"主题"组右侧的下拉箭头，显示"所有主题"缩略图，如图 5-18 所示。按题目要求，将幻灯片主题设置为"聚合"。

② 在第 1 张幻灯片空白区域右击，在弹出的快捷菜单中选择"设置背景格式"，系统弹出"设置背景格式"对话框，如图 5-19 所示。单击"渐变填充"，在"预设颜色"下拉列表中选择"金色年华"，类型选择"标题的阴影"，单击"关闭"按钮，即可实现只修改第 1 张幻灯片的背景。

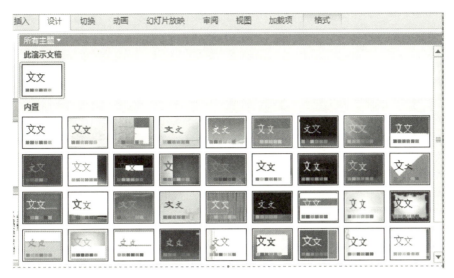

图 5-18 "所有主题"列表

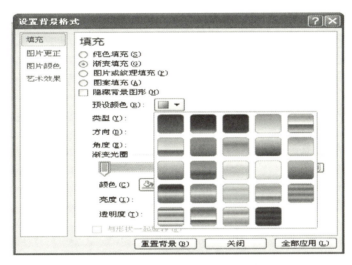

图 5-19 "设置背景格式"对话框

【任务 3】设置幻灯片切换动画，第二张幻灯片设置自定义动画。

① 单击"切换"选项卡的"切换到此幻灯片"组中"其他按钮"，弹出如图 5-20 所示的"幻灯片切换"下拉列表，选择所要的切换效果如"百叶窗"选项。继续单击"效果选项"按钮，弹出如图 5-21 所示的"效果选项"下拉列表，选择"水平"选项。

② 用鼠标选中第二张幻灯片的标题"简历目录"，再单击"动画"选项卡，在"高级动画"组中选择"添加动画"按钮，弹出"添加动画"下拉列表，如图 5-22 所示。

③ 单击"更多进入效果"选项，弹出如图 5-23 所示的"添加进入效果"对话框，设置动画效果为"字幕式"；选中正文，设置动画效果为"展开"，选中剪辑画设置动画效果为"内向溶解"；选中"基本资料"，设置动画效果为"空翻"。

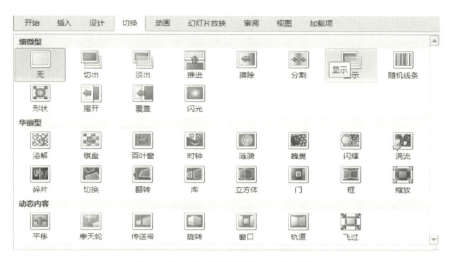

图 5-20 "幻灯片切换"下拉列表

图 5-21 "效果选项"下拉列表

图 5-22 "自定义动画"任务空格　　　　图 5-23 "添加进入效果"对话框

【任务 4】幻灯片放映方式的设置

① 单击"幻灯片放映"选项卡的"设置"组中的"设置放映方式"按钮,弹出如图 5-24 所示的"设置放映方式"对话框。

② 设置"放映类型"分别为"演讲者放映(全屏幕)"或"观众自行浏览(窗口)"或"在展台浏览(全屏幕)",还可以选择部分幻灯片来放映等。

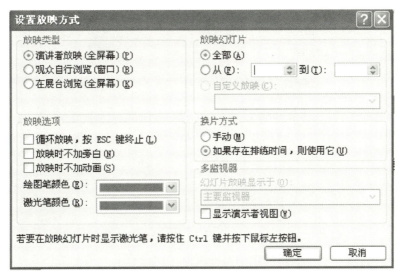

图 5-24 "设置放映方式"对话框

【任务 5】超链接的插入与动作设置

① 切换到第 2 张"简历目录"幻灯片中选择文字"基本资料",右击弹出的快捷菜单,如图 5-25 所示。

图 5-25 "超链接"右键菜单

② 选择"超链接"菜单。在弹出的"插入超链接"对话框(图 5-26)中进行设置,"链接到"选择"本文档中的位置",选择"基本资料"幻灯片,单击"确定"按钮,即

可为第 2 张幻灯片文字"基本资料"插入超链接。

③ 采用此方法为第 2 张"简历目录"幻灯片中其他文字添加指向相应页面的超链接。

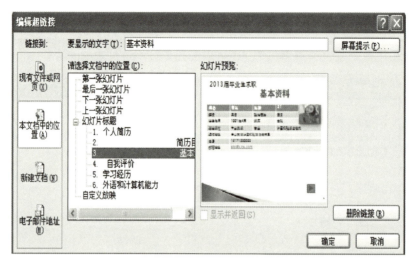

图 5-26 "插入超链接"对话框

④ 单击第三张幻灯片,选择"插入"选项卡,单击"插图"组中的"形状"按钮,在下拉列表中,选择"动作按钮"中相应的按钮"前进或下一项"如图 5-27 所示。光标变成一个"+"形光标,按住鼠标左键,在第三张幻灯片右下角拖动鼠标,画好一个动作按钮后,松开左键,弹出如图 5-28 所示"动作设置"对话框,选择默认设置,单击"确定"按钮即可。

⑤ 单击"文件"选项卡→"保存"按钮,将本次实验操作进行保存。

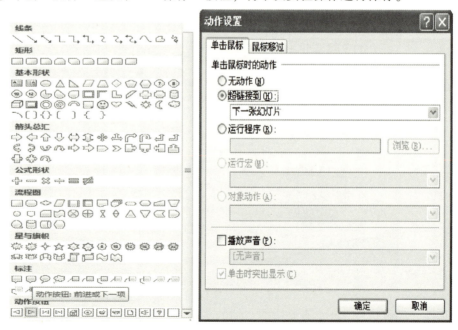

图 5-27 "动作按钮"的选择　　图 5-28 "动作设置"对话框

四、任务拓展

打开实验二的"个人简历"演示文稿,完成以下内容。

(1) 将演示文稿的幻灯片切换方式设置为"随机线条",第一张幻灯片的背景设置为"胡桃"纹理。

(2) 将第二张幻灯片的文字内容分别超链接到对应的后续幻灯片。

(3) 将第二张幻灯片的剪贴画动画效果为:进入—楔入,自动开始;文本部分设置为:进入—自底部,飞入,自动开始,文字逐个显示,动画顺序先对象后文本。

(4) 将第三张幻灯片的标题设置"飞入"的动画效果,效果选项为"自右侧"。

(5) 设置第四张幻灯片的艺术字调整位置为(水平:2.1cm,自:左上角,垂直:8.24cm,自:左上角),艺术字宽度为24cm。样式为"渐变填充—蓝色—强调文字颜色1,轮廓—白色,发光—强调文字颜色2"。艺术字文字效果为"转换—弯曲—双波形1"。艺术字设置动画"强调/波浪形",效果选项为"按段落"。

(6) 将文件另存为"个人简历2.pptx"。

第6章
计算机网络与Internet应用

实验一 IE 浏览器的使用

一、实验目的

（1）掌握 IE 浏览器的基本操作。
（2）学会保存网页上的信息。
（3）掌握 IE 浏览器主页的设置。

二、实验内容

（1）使用 IE 浏览器浏览网页。
（2）保存网页。
（3）设置浏览器主页。

三、实验任务及操作步骤

【任务 1】使用 IE 浏览器浏览网页

具体要求：使用 IE 浏览器浏览"湖南环境生物职业技术学院"网站，并通过主页的超链接浏览其他页面。

① 双击桌面上的 Internet Explorer 快捷方式，运行 IE 浏览器程序，进入 IE 窗口。在浏览器的地址栏中输入如 http://www.hnebp.edu.cn 的网络地址，按【Enter】键，访问"湖南环境生物职业技术学院"网站，如图 6-1 所示。

② 点击链接浏览网页 点击网页右侧的"招生就业信息平台"超链接，进入湖南环境生物职业技术学院的"招生 学籍 就业综合信息平台"页面。还可以利用"返回""前进"按钮，在访问过的网页页面之间进行切换。如图 6-2 也可在新窗口下打开网页，在要打开网页的超级链接上右击，弹出快捷菜单，如图 6-3 所示。单击"在新窗口中打开"，将在一个新的浏览器窗口打开相应的网页。

图 6-1 "湖南环境生物职业技术学院"主页

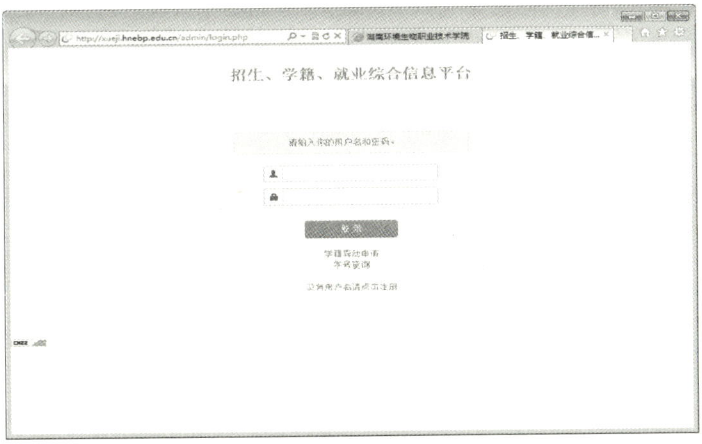

图 6-2 打开超链接

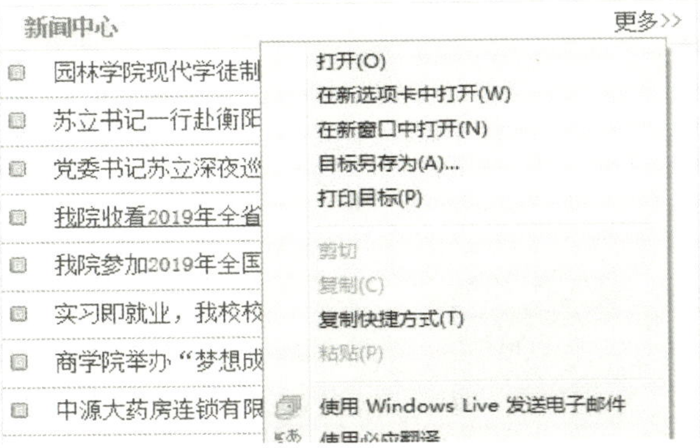

图 6-3 新窗口打开网页

【任务 2】 保存网页及网页的图片

具体要求：保存"湖南环境生物职业技术学院"主页及主页中的一张图片。

① 打开"湖南环境生物职业技术学院"网站，点击网页右上角的工具图标，点击工具菜单"文件"的子菜单下的"另存为…"命令，打开"保存网页"对话框，如图 6-4 所示。选择保存位置，例如 E:\网页，点击"保存"按钮。

图 6-4 保存网页

② 保存网页中的图片。打开"湖南环境生物职业技术学院"网站，在要保存的图片上右击，弹出快捷菜单，如图 6-5 所示。选择"图片另存为（S）…"命令，弹出"保存图片"对话框，设置保存位置，同时设置图片名称，单击"保存"按钮。

图 6-5 保存图片

③ 设置 IE 浏览器主页。在 IE 浏览器窗口，选择"工具"菜单下的"Internet 选项"命令，打开"Internet 选项"对话框，如图 6-6 所示。在常规选项卡的"主页"编辑框中输入具体的 IP 地址或者域名地址：http://www.hnebp.edu.cn，单击"确定"按钮。这样，在浏览器窗口中单击工具栏上的"主页"按钮，即可直接打开"湖南环境生物职业技术学院"的主页。

在"常规"选项卡的"浏览历史记录"区域，点击"设置"按钮，可以设置网页保存在历史记录中的天数，还可以单击"删除"按钮进行历史记录的清除。

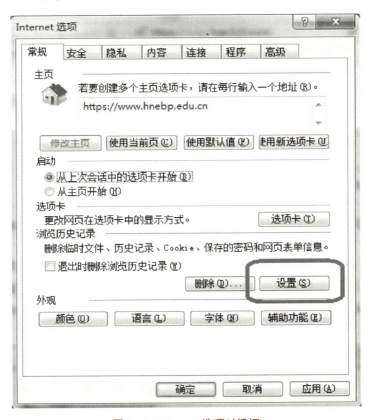

图 6-6 Internet 选项对话框

四、任务拓展

（1）使用 IE 浏览器浏览网易主页，并打开任一超链接的页面。

（2）将打开的超链接页面保存到 D 盘中，并在打开的网页中找一张图片也保存到 D 盘中。

（3）设置 IE 浏览器主页为：http://www.hao123.com，并设置网页保存在历史记录中的天数为 10 天。

实验二 电子邮箱的申请和使用

一、实验目的

（1）学会申请免费邮箱，并掌握邮件的发送和接收。
（2）通过实验，学会基本的邮件管理；掌握电子邮箱的基本操作。
（3）掌握利用 OutLook 软件收发电子邮件。

二、实验内容

（1）免费 web 邮箱的申请。
（2）使用免费邮箱发送一封邮件，带上附件。
（3）使用免费邮箱接收一封邮件，管理邮件。
（4）使用 OutLook 软件收发电子邮件。

三、实验任务及操作步骤

【任务 1】 免费邮箱的申请

具体要求：申请一个网易 163 免费邮箱。

① 启动 IE 浏览器，在地址栏输入：http://www.163.com，出现如图 6-7 所示页面。

图 6-7 网易首页

② 单击网页右上方的"注册免费邮箱"按钮，进入注册页面，填写注册信息，如邮件地址、密码、手机号码、验证码等，如图 6-8 所示。填写完成后，单击"立即注册"

按钮(注意:邮件地址可以起任意符合要求的名字,如果已有人用了你的名字,你必须重新起名,其他信息填写不对,也会要求你重新填写),注册成功后,说明你的免费邮箱申请成功,返回登录页面即可登录。

图 6-8　邮箱注册页面

③ 通过浏览器在线收发电子邮件。启动 IE 浏览器,在地址栏中输入:http://mail.163.com 并回车,进入网易邮箱主页,输入申请邮箱时的用户名及密码,如图 6-9 所示。

图 6-9 163 网易免费邮箱首页

④ 单击"登录"按钮，可直接进入申请的免费邮箱，如图 6-10 所示。

图 6-10 用户 163 网易邮箱首页

【任务2】使用免费邮箱发送电子邮件

具体要求：用163网易邮箱给某编辑发送一篇译稿，请求审阅。

① 单击用户163网易邮箱首页上的"写信"按钮，打开"写信"页面。

② 在"收件人"输入栏内输入收件人的邮箱地址，如"zhangwen@163.com"；在主题中输入"译稿"；在编辑区域内输入邮件的主体内容："张编辑：您好！寄上译文一篇，见附件，请审阅。"在主题下点击"添加附件"按钮，弹出"选择要加载的文件"对话框，在对话框中选择要作为邮件附件的文件，单击打开按钮即可返回"写信"页面。如图6-11，如果有多个附件，重复以上操作即可。如果将一封邮件发送给多人，可一次在输入栏中输入多个人的邮箱地址，各地址之间以"；"隔开。如果收件人已经被加入通讯录中，则可以通过单击页面右侧的收件人名称添加收件人。

图6-11 写邮件

③ 单击"抄送"按钮，页面将显示抄送输入栏。可以输入收件人的邮箱地址，输入多个以"；"进行分隔的邮箱地址，可以将一封邮件同时抄送给多人。

④ 单击"密送"按钮，页面将显示密送输入栏，可以输入收件人的邮箱地址，输入多个以"；"进行分隔的邮箱地址，可以将一封邮件同时密送给多人。

提示：发送表示对方是这封邮件的主要接收人，而抄送意在把邮件同时发给主要接收人与一个或多个次要接收人，并且所有接收人都能够得知其他接收人也同样接收了这封邮件。密送与抄送的意义差不多，它们差别在于其他接收人不会知道邮件还发给了哪些密送接收人。

⑤ 单击"群发单显"按钮，"收件人"输入栏转变为"群发单显"输入栏，可以输入收件人的邮箱地址，输入多个以";"进行分隔的邮箱地址，可以将一封邮件同时发送给多人。

⑥ "主题"输入栏内可以输入邮件的主题信息。单击"添加附件"按钮，弹出"打开"对话框，可以选择附件和邮件同时发送，单击"打开"按钮完成选择。

⑦ 在页面上的文本编辑器内输入邮件的内容，利用编辑器上的功能按钮可以对内容的格式进行调整。

⑧ 单击页面右下方的"更多选项"按钮，可以显示邮件的高级设置选项。

提示：

紧急：用于设置邮件投递的优先级。

已读回执：启用已读回执功能，可以了解收件人是否阅读了发送的邮件。

纯文本：把邮件内容切换成纯文本模式，纯文本模式无法插入表情、图片和正文颜色等信息。

定时发送：用于预定义邮件的发送时间。选中"定时发送"复选框，显示选择发送时间功能界面，系统将在设定的时间对邮件进行发送。

邮件加密：收件人需要密码才能查看邮件。选中"邮件加密"复选框，在显示的"设置查看密码"输入框中可以设置查看邮件的密码。

⑨ 邮件书写和设定完毕后，单击页面上的"发送"按钮，完成邮件的发送。

【任务 3】 使用免费邮箱接收并管理邮件

具体要求：使用 163 免费邮箱接收一封邮件并管理电子邮件。

① 单击"163 网易免费邮"首页上的"收信"按钮或"收件箱"链接，打开"收件箱"标签页。收件箱页面会以邮件列表的形式按照收取邮件时间的降序排列收件箱邮件，未读邮件以黑色加粗显示。如图 6-12 所示，用户可以单击标签页上方的功能按钮进行删除、举报和标记等操作。

删除：勾选要删除的邮件前面的复选框，单击"删除"按钮，可以删除选中的邮件。

举报：勾选要举报的邮件前面的复选框，单击"举报"按钮，弹出"举报垃圾邮件"对话框，选择对应的邮件类型和处理操作，单击"确定"按钮。

标记为：勾选要标记的邮件前面的复选框，单击"标记为"按钮，在下拉菜单中选择相应的菜单项可以标记选中邮件的已读、未读、待办和置顶等状态。

移动到：勾选要移动的邮件前面的复选框，单击"移动到"按钮，在下拉菜单中选择相应的菜单项，可以将选中邮件移动到草稿箱、已发送邮件、已删除邮件、垃圾邮件和用户新建立或自定义的文件夹。

更多功能：在"更多"下拉菜单中可以对选中的邮件进行导出、转发和排序。

刷新：单击"刷新"按钮，可以重新加载收件箱的信息。

② 单击一个收件箱邮件列表中的邮件，可以打开邮件内容标签页，显示邮件的详细

图 6-12　用户收件箱

信息，如邮件主题、发件人、收件人、收件时间和邮件内容等。单击邮件内容标签页上方的功能按钮可以进行回复、转发等操作，如图 6-13 所示。

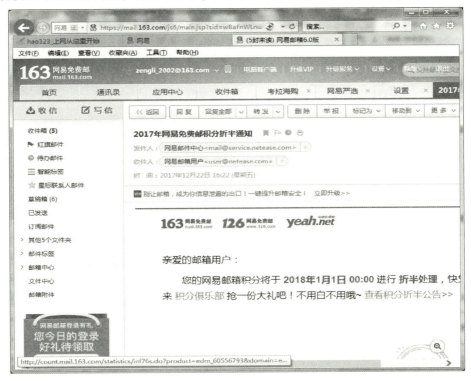

图 6-13　打开的邮件

回复：单击"回复"按钮，打开回复邮件界面，给原始邮件的发件人回复邮件，操作方法与"写信"相同。

全部回复：全部回复功能和回复功能类似，两者的区别在于，全部回复功能会自动将除当前收件人和原始邮件发件人以外的其他收件人和抄送人加入到回复邮件的抄送人列表中。

转发：使用转发功能可以将当前的邮件转发给其他邮箱。

删除：单击"删除"按钮可以删除当前邮件。

举报和移动到操作同收件箱相关操作。

更多功能：在"更多"下拉菜单中可以进行打印邮件、查看信头、导出邮件、选择编码和字体、保存联系人等操作。

【任务 4】 使用 Outlook 2010 收发电子邮件

具体要求：完成 Outlook 2010 收发邮件的设置，用 Outlook 2010 给王君同学（wj@mail.cumtb.edu.cn）发送 E-mail，同时将该邮件抄送给李明同学（lm@xina.com），填写邮件内容及主题并发送一个附件。接收一封由 wj@mail.cumtb.eu.cn 发来的 E-mail，将随信发来的附件保存到 E：\ 根目录下。

Outlook 2010 是微软的一个客户端软件，用来接收邮件，如果邮箱支持 POP3 和 SMTP，可以用它来接收发送邮件，如网易、雅虎、搜狐等大多数邮箱都可以用 Outlook 2010 收发邮件，而不用每次都打开网页，是很实用的邮件接收发送工具。设置添加邮箱账号，即可用于邮件的收发。

① 单击"开始"图标，光标在"所有程序"上稍作停留，在弹出的菜单栏中选择 Microsoft Office，在弹出的菜单中选择 Microsoft Outlook 2010，如图 6-14 所示，进入如图 6-15 所示的"Microsoft Outlook 2010 启动"对话框。

图 6-14　选择 Outlook 2010

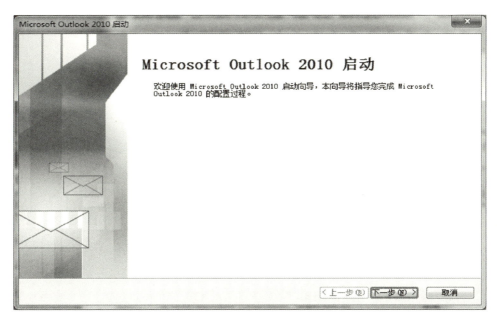

图 6-15　Outlook 2010 启动

② 单击"下一步"按钮，进入如图 6-16 所示的"账户配置"对话框，单击"是"选项。

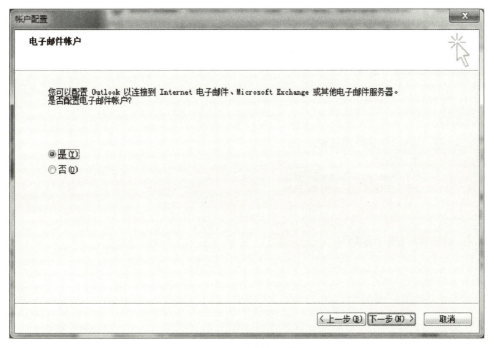

图 6-16　账户配置

③ 单击"下一步"按钮。进入"添加新账户"对话框。如图 6-17 所示，选择"电子邮件账户"单选按钮，按页面提示填写相应的信息。

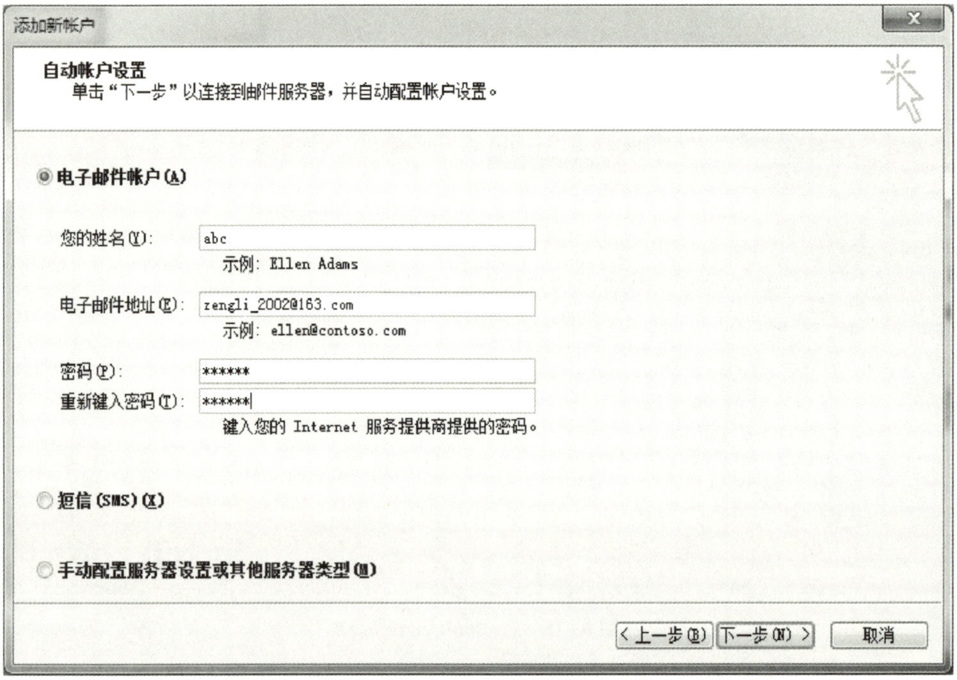

图 6-17　账户设置

④ 单击“下一步”按钮，等待帐户配制，如图 6-18 所示。

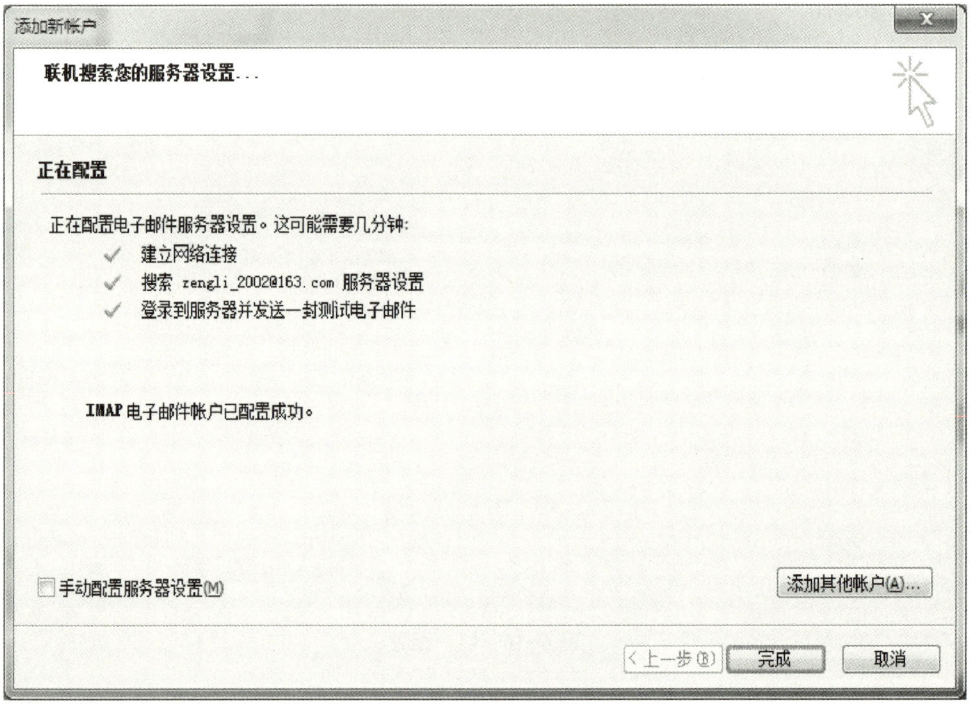

图 6-18　账户配置成功

⑤ 单击"完成"按钮,在弹出的"测试消息邮件"对话框中,如出现如图 6-19 所示的情况,说明设置成功了。

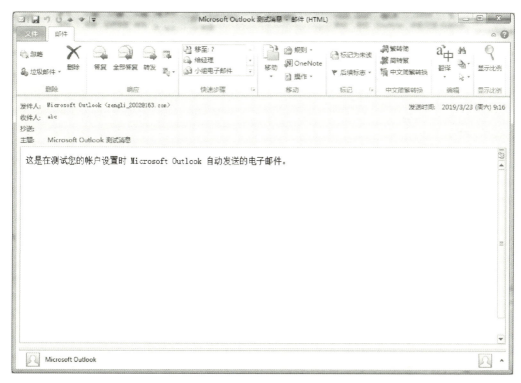

图 6-19　测试消息邮件

⑥ 打开 Outlook 2010,进入如图 6-20 所示的 Outlook 2010 窗口,即可正常收发邮件。

图 6-20　Outlook 2010 收件箱

⑦ 点击"新建电子邮件"按钮，进入如图 6-21 所示的发件窗口，填写好相应的内容，再点击"附件"按钮，在随后出现的"打开"对话框中找到要发送的文件并选中，点击"打开"按钮即可添加附件。最后点击"发送"按钮，完成邮件发送。

图 6-21 Outlook 2010 发件窗口

⑧ 启动 Outlook Express，点击"接收/发送所有文件夹"按钮，接收由 wj@mail.cumtb.eu.cn 发来的邮件，点击邮件可查看接收到的邮件信息，如图 6-22 所示。

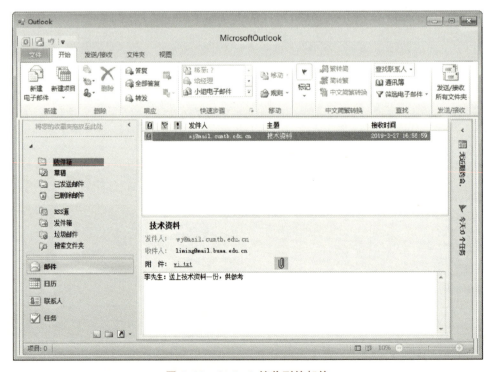

图 6-22 Outlook 接收到的邮件

⑨ 单击附件的文件名或单击"附件"按钮,弹出"另存为"对话框,保存位置选择桌面,然后单击"保存"按钮,如图 6-23 所示。

图 6-23　保存附件对话框

四、任务拓展

(1) 用 Outlook Express 接收由同学发来的邮件。
(2) 用 Outlook Express 给同学发送一封问候邮件并附上一张照片。

考级篇

考虑读者参加全国计算机等级考试的需要，根据2018版计算机等级考试考试大纲的要求，计算机等级考试分为计算机的基础知识选择题、Windows的基本操作、Word字处理、Excel电子表格、PowerPoint演示文稿、上网基本操作六大模块，考级篇内容包括10例计算机的基础知识典型案例与解析和100例习题，Windows的基本操作、Word字处理、Excel电子表格、PowerPoint演示文稿、上网基本操作模块各有5例典型案例和操作解析，编者对每个典型案例都作了解题分析和详细的操作步骤说明，是读者参加全国计算机等级考试进行备考的好资料（此部分不含操作素材，案例仅供学生参考学习）。

考级篇

全国计算机等级考试一级 MS OFFICE考试大纲

【基本要求】

（1）具有微型计算机的基础知识（包括计算机病毒的防治常识）。
（2）了解微型计算机系统的组成和各部分的功能。
（3）了解操作系统的基本功能和作用，掌握 Windows 的基本操作和应用。
（4）了解文字处理的基本知识，熟练掌握文字处理 Word 的基本操作和应用，熟练掌握一种汉字（键盘）输入方法。
（5）了解电子表格软件的基本知识，掌握电子表格软件 Excel 的基本操作和应用。
（6）了解多媒体演示软件的基本知识，掌握演示文稿制作软件 PowerPoint 的基本操作和应用。
（7）了解计算机网络的基本概念和因特网（Internet）的初步知识，掌握 IE 浏览器软件和 Outlook Express 软件的基本操作和使用。

【考试内容】

一、计算机基础知识

（1）计算机的发展、类型及其应用领域。
（2）计算机中数据的表示、存储与处理。
（3）多媒体技术的概念与应用。
（4）计算机病毒的概念、特征、分类与防治。
（5）计算机网络的概念、组成和分类；计算机与网络信息安全的概念和防控。
（6）因特网网络服务的概念、原理和应用。

二、操作系统的功能和使用

（1）计算机软、硬件系统的组成及主要技术指标。
（2）操作系统的基本概念、功能、组成及分类。
（3）Windows 操作系统的基本概念和常用术语，文件、文件夹、库等。

（4）Windows 操作系统的基本操作和应用：
① 桌面外观的设置，基本的网络配置。
② 熟练掌握资源管理器的操作与应用。
③ 掌握文件、磁盘、显示属性的查看、设置等操作。
④ 中文输入法的安装、删除和选用。
⑤ 掌握检索文件、查询程序的方法。
⑥ 了解软、硬件的基本系统工具。

三、Word 字处理软件的功能和使用

（1）Word 的基本概念，Word 的基本功能和运行环境，Word 的启动和退出。
（2）文档的创建、打开、输入、保存等基本操作。
（3）文本的选定、插入与删除、复制与移动、查找与替换等基本编辑技术；多窗口和多文档的编辑。
（4）字体格式设置、段落格式设置、文档页面设置、文档背景设置和文档分栏等基本排版技术。
（5）表格的创建、修改；表格的修饰；表格中数据的输入与编辑；数据的排序和计算。
（6）图形和图片的插入；图形的建立和编辑；文本框、艺术字的使用和编辑。
（7）文档的保护和打印。

四、Excel 电子表格软件的功能和使用

（1）电子表格的基本概念和基本功能，Excel 的基本功能、运行环境、启动和退出。
（2）工作簿和工作表的基本概念和基本操作，工作簿和工作表的建立、保存和退出；数据输入和编辑；工作表和单元格的选定、插入、删除、复制、移动；工作表的重命名和工作表窗口的拆分和冻结。
（3）工作表的格式化，包括设置单元格格式、设置列宽和行高、设置条件格式、使用样式、自动套用模式和使用模板等。
（4）单元格绝对地址和相对地址的概念，工作表中公式的输入和复制，常用函数的使用。
（5）图表的建立、编辑和修改以及修饰。
（6）数据清单的概念，数据清单的建立，数据清单内容的排序、筛选、分类汇总，数据合并，数据透视表的建立。
（7）工作表的页面设置、打印预览和打印，工作表中链接的建立。
（8）保护和隐藏工作簿和工作表。

五、PowerPoint 的功能和使用

（1）中文 PowerPoint 的功能、运行环境、启动和退出。

(2) 演示文稿的创建、打开、关闭和保存。
(3) 演示文稿视图的使用，幻灯片基本操作（版式、插入、移动、复制和删除）。
(4) 幻灯片基本制作（文本、图片、艺术字、形状、表格等插入及其格式化）。
(5) 演示文稿主题选用与幻灯片背景设置。
(6) 演示文稿放映设计（动画设计、放映方式、切换效果）。
(7) 演示文稿的打包和打印。

六、因特网（Internet）的初级知识和应用

(1) 了解计算机网络的基本概念和因特网的基础知识，主要包括网络硬件和软件，TCP/IP 协议的工作原理，以及网络应用中常见的概念，如域名、IP 地址、DNS 服务等。
(2) 能够熟练掌握浏览器、电子邮件的使用和操作。

【考试方式】

上机考试，考试时长 90 分钟，满分 100 分。
1. 题型及分值
单项选择题（计算机基础知识和网络的基本知识）20 分；
Windows 操作系统的使用 10 分；
Word 操作 25 分；
Excel 操作 20 分；
PowerPoint 操作 15 分；
浏览器（IE）的简单使用和电子邮件收发 10 分。
2. 考试环境
操作系统：中文版 Windows 7。
考试环境：Microsoft Office 2010。

模块 1 计算机基础知识

一、【例题分析与解答】

1. 通常人们所说的一个完整的计算机系统应包括（ ）。
   A. 运算器、存储器和控制器　　B. 计算机和它的外围设备
   C. 系统软件和应用软件　　　　D. 计算机的硬件系统和软件系统

解答：D
分析：一个完整的计算机系统由计算机硬件和计算机软件两大部分组成。选项 A 与选项 B 中均只有硬件，没有软件，故不能选；选项 C 中只有软件而无硬件，也不能选。故应选 D。

2. 冯·诺依曼为现代计算机的结构奠定了基础，他的主要设计思想是（ ）。
   A. 程序存储　B. 数据存储　C. 虚拟存储　D. 采用电子元件

解答：A

分析：冯·诺依曼原理的核心是：存储程序，以运算控制器为中心，按程序的顺序执行。因此又称该原理为"存储程序原理"。故应选 A。其他选项均不适合。

3. 第四代电子计算机使用的逻辑器件是（　　）。

　　A. 晶体管　　B. 电子管　　C. 中、小规模集成电路　　D. 大规模和超大规模集成电路

解答：D

分析：以计算机硬件的变革作为标志，人们将计算机的发展划分为四个时代。第 1 代电子计算机使用的逻辑器件是电子管，第 2 代电子计算机使用的逻辑器件是晶体管，第 3 代电子计算机使用的逻辑器件是中、小规模集成电路，第四代电子计算机使用的逻辑器件是大规模和超大规模集成电路。显然应选 D。

4. 计算机软件一般包括系统软件和（　　）。

　　A. 源程序　　B. 应用软件　　C. 管理软件　　D. 科学计算

解答：B

分析：计算机软件按其用途及实现的功能不同，一般分为系统软件和应用软件两大类。显然应选 B。

5. 解释程序的功能是（　　）。

　　A. 解释执行高级语言程序　　　　B. 将高级语言程序翻译成目标程序
　　C. 解释执行汇编语言程序　　　　D. 将汇编语言程序翻译成目标程序

解答：A

分析：执行用高级语言编写的程序，可以采用以下两种不同的方式。即编译方式和解释方式。用高级语言编写的源程序输入计算机后，在解释程序的控制下，对源程序边翻译、边执行。

6. 计算机主存中，能用于存取信息的部件是（　　）。

　　A. 硬盘　　B. 软盘　　C. 只读存储器　　D. RAM

解答：D

分析：微型计算机的内存分为两种类型：只读存储器（ROM）和随机存取存储器（RAM）。只读存储器只能用来读取信息，而不能用来写入（存）信息，故不能选 C。硬盘与软盘是外存，而不是内存，故 A，B 均不能选。故应选 D。

7. 微型计算机的主存储器由（　　）组成。

　　A. ROM　　B. RAM 和 CPU　　C. RAM 和软盘磁盘　　D. ROM 和 RAM

解答：D

分析：微型计算机的内存分为只读存储器（ROM）和随机存取存储器（RAM）两种类型。显然应选 D。

8. 计算机的存储器容量以字节（B）为单位，1MB 表示（　　）。

　　A. 1024 × 1024 字节　　　　　　B. 1024 个二进制位
　　C. 1000 × 1000 字节　　　　　　D. 1000 × 1024 个二进制位

解答：A

分析：因为 1MB = 1024KB，1KB = 1024B，所以 1MB = 1024 × 1024 字节。故应选 A。

9. 下列各进制的整数中，值最大的一个是（　　）。

A. 十六进制数 34　　　　　　B. 十进制数 55

C. 八进制数 63　　　　　　　D. 二进制数 11010

解答：B

分析：不同进制数之间的比较，必须统一转换成同一进制的数。一般而言，转换成十进制数比较方便。十六进制数 34 换成十进制数是 52；二进制数 11010 换成十进制数是 50；八进制数 63 转换成十进制数是 51。故应选 B。

10. 在下列字符中，其 ASCII 码值最大的一个是（　　）。

A. Z　　B. 9　　C. 控制符　　D. a

解答：D

分析：在 ASCII 码表中，根据码值由小到大的排列顺序是：控制符<数字符<大写英文字母<小写英文字母。

二、【选择题题库】

1. 构成计算机电子的、机械的物理实体称为（　　）。

A. 计算机系统　　B. 计算机硬件系统　　C. 主机　　D. 外设

2. 按冯·诺依曼的观点，计算机由五大部件组成，它们是（　　）。

A. CPU、控制器、存储器、输入/输出设备

B. 控制器、运算器、存储器、输入/输出设备

C. CPU、运算器、主存储器、输入/输出设备

D. CPU、控制器、运算器、主存储器、输入/输出设备

3. 微型机中的 CPU 是（　　）。

A. 分析、控制并执行指令的部件

B. 寄存器

C. 分析、控制、执行指令的部件和存储器

D. 分析、控制指令的部件，存储器和驱动器

4. 计算机能直接执行的程序是（　　）。

A. 源程序　　B. 机器语言程序　　C. BASIC 语言程序　　D. 汇编语言程序

5. 操作系统是为了提高计算机的工作效率和方便用户使用计算机而配备的一个（　　）。

A. 系统软件　　B. 应用程序　　C. 软件包　　D. 通用软件

6. 语言编译程序若按软件分类应属于（　　）。

A. 系统软件　　B. 应用软件　　C. 操作系统　　D. 数据库处理系统

7. 操作系统是对计算机的系统资源进行控制与管理的软件。这里系统资源指的是（　　）。

A. 软件、数据、硬件、存储器

B. CPU、存储器、输入设备、输出设备、信息

C. 程序、数据、输出设备、中央处理机

D. 主机、输入、输出设备、文件、外存储器

8. 列选项中，不属于操作系统的是（ ）。

A. Linux B. UNIX C. Windows D. CAXA

9. 下列四种软件中，属于应用软件的是（ ）。

A. UCDOS 系统 B. 财务管理系统 C. Pascal 编译程序 D. QBASIC 解释程序

10. 微型计算机中使用的关系数据库系统，就应用领域而言属于（ ）。

A. 数据处理 B. 科学计算 C. 实时控制 D. 计算机辅助设计

11. 在同一张磁盘上（ ）。

A. 允许同一个文件夹中的两个文件同名，也允许不同文件夹中的两个文件同名
B. 不允许同一个文件夹中的两个文件同名，也不允许不同文件夹中的两个文件同名
C. 允许同一个文件夹中的两个文件同名，但不允许不同文件夹中的两个文件同名
D. 不允许同一个文件夹中的两个文件同名，但允许不同文件夹中的两个文件同名

12. 在计算机系统中，通常用文件的扩展名来表示（ ）。

A. 文件的内容 B. 文件的版本 C. 文件的类型 D. 文件的建立时间

13. 下列四种扩展名的文件中不能直接执行的是（ ）。

A. EXE B. SYS C. bat D. com

14. 在微机系统中，I/O 接口位于（ ）之间。

A. 主机和总线 B. 主机和 I/O 设备 C. 总线和 I/O 设备 D. CPU 和内存储器

15. CD-ROM 是计算机在（ ）应用中必不可少的一种设备。

A. 数据处理 B. 办公自动化 C. 辅助教学 D. 多媒体技术

16. 在下列设备中，（ ）不能作为微机的输出设备。

A. 打印机 B. 显示器 C. 绘图仪 D. 键盘和鼠标

17. DOS 命令可分为内部命令和外部命令两类，所谓内部命令是指（ ）的命令。

A. 在系统启动后常驻内存   B. 在系统启动后驻留磁盘
C. 固化于 ROM 中   D. 用机器语言编写

18. 存储器分为内存储器和外存储器两类，（ ）。

A. 它们中的数据均可被 CPU 直接调用上
B. 其中只有外存储器中的数据可被 CPU 直接调用
C. 它们中的数据均不能被 CPU 直接调用
D. 其中只有内存储器中的数据可被 CPU 直接调用

19. 微型计算机内存储器是按（ ）。

A. 字节编址 B. 字长编址 C. 微处理器不同编址方法就不同 D. 二进制编址

20. 虚拟存储器是（ ）。

A. 磁盘上存放数据的存储空间
B. 读写磁盘文件数据时用到的内存中的一个区域
C. 操作系统为用户作业提供的、比计算机中的实际内存大得多的外存区域
D. 将部分 ROM 存储器作为磁盘驱动器

21. 运行应用程序时，如果内存容量不够，只能（　　）。

A. 把软盘由单面单密度换为双面高密度

B. 扩充硬盘容量

C. 增加内存

D. 把软盘换为光盘

22. 硬盘工作时，应特别注意避免（　　）。

A. 强烈震动　　B. 噪声　　C. 光线直射　　D. 环境卫生不好

23. 在微机操作过程中，当磁盘驱动器指示灯亮时，不能插取磁盘的原因是（　　）。

A. 会损坏主机板的 CPU　　　　　B. 可能破坏磁盘中的数据

C. 影响计算机的使用寿命　　　　D. 内存中的数据将丢失

24. 字符 5 和 7 的 ASCII 码的二进制数分别是（　　）。

A. 1100101 和 1100111　　　　　B. 10100011 和 0111011

C. 1000101 和 1100011　　　　　D. 0110101 和 0110111

25. 在 ASCII 码表中，按照 ASCII 码值从小到大排列顺序是（　　）。

A. 数字、英文大写字母、英文小写字母

B. 数字、英文小写字母、英文大写字母

C. 英文大写字母、英文小写字母、数字

D. 英文小写字母、英文大写字母、数字

26. 计算机可直接执行的指令一般都包含操作码和操作对象两个部分，它们在机器内部都是以（　　）表示的。

A. 二进制编码的形式　　　　　B. ASCII 编码形式

C. 八进制编码的形式　　　　　D. 汇编符号和形式

27. 在下列不同进制的四个数中，最大的一个数是（　　）。

A. $(11101101)_2$　　B. $(95)_{10}$　　C. $(37)_8$　　D. $(A7)_{16}$

28. 下列数值中最小的数为（　　）。

A. $(150)_{10}$　　B. $(B2)_{16}$　　C. $(1101011)_2$　　D. $(1232)_8$

29. 如果磁盘上有文件 TEST.BAT，一般来说，这个文件是（　　）。

A. 自动批处理文件　　　　　B. 可执行的二进制代码文件

C. 编辑文件时产生的备份文件　　D. 可执行的批处理文件

30. 若微机在工作过程中电源突然中断，则计算机中（　　）全部丢失，再次通电后也不能恢复。

A. ROM 和 RAM 中的信息　　　B. ROM 中的信息

C. RAM 中的信息　　　　　　　D. 硬盘中的信息

31. 计算机最早的应用领域是（　　）。

A. 科学计算　　B. CAIN/CAM　　C. 过程控制　　D. 数据处理

32. 计算机辅助制造的简称是（　　）。

A. CAIN　　B. CBE　　C. CAE　　D. CAM

33. 下面关于微型计算机的发展方向的描述，不正确的是（　）。

　　A. 高速化、超小型化　B. 多媒体化　C. 网络化　D. 家用化

34. 在下面关于计算机硬件组成的说法中，不正确的说法是（　）。

　　A. CPU 主要由运算器、控制器和寄存器组成

　　B. 当关闭计算机电源后，RAM 中的程序和数据就消失了

　　C. 软盘和硬盘上的数据均可由 CPU 直接存取

　　D. 软盘和硬盘驱动器既属于输入设备，又属于输出设备

35. 计算机的 CPU 每执行一个（　），就完成一步基本运算或判断。

　　A. 语句　B. 指令　C. 程序　D. 软件

36. 磁盘驱动器属于（　）设备。

　　A. 输入　B. 输出　C. 输入和输出　D. 以上均不是

37. 计算机的主机指的是（　）。

　　A. 计算机的主机箱　　　　　　B. CPU 和内存储器

　　C. 运算器和控制器　　　　　　D. 运算器和输入/输出设备

38. 以下描述（　）不正确。

　　A. 内存与外存的区别在于内存是临时性的，而外存是永久性的

　　B. 内存与外存的区别在于外存是临时性的，而内存是永久性的

　　C. 平时说的内存是指 RAM

　　D. 从输入设备输入的数据直接存放在内存

39. （　）不属于计算机的外部存储器。

　　A. 软盘　B. 硬盘　C. 内存条　D. 光盘

40. 计算机应由五个基本部分组成，下面各项中，（　）不属于这五个基本组成。

　　A. 运算器　B. 控制器　C. 总线　D. 存储器、输入设备和输出设备

41. 外存与内存有许多不同之处，外存相对于内存来说，以下叙述不正确的是（　）。

　　A. 外存不怕停电，信息可长期保存

　　B. 外存的容量比内存大得多，甚至可以说是海量的

　　C. 外存速度慢，内存速度快

　　D. 内存和外存都是由半导体器件构成

42. 在下面关于计算机的说法中，正确的是（　）。

　　A. 微型计算机内存容量的基本计量单位是字符

　　B. 1GB = 1000MB

　　C. 二进制数中右起第 10 位上的 1 相当于 2 的 10 次方

　　D. 1 TB = 1024GB

43. 微型计算机的存储系统一般指主存储器和（　）。

　　A. 累加器　B. 辅助存储器　C. 寄存器　D. ROM

44. 除外存外，微型计算机的存储系统一般指（　）。

　　A. ROM　B. 控制器　C. RAM　D. 内存

45. 微型计算机采用总线结构（　　）。

A. 提高了 CPU 访问外设的速度　　B. 可以简化系统结构、易于系统扩展

C. 提高了系统成本　　　　　　　　D. 使信号线的数量增加

46. 软件通常被分成（　　）和应用软件两大类。

A. 高级软件　B. 系统软件　C. 计算机软件　D. 通用软件

47. 在下列关于实用程序的说法中，错误的是（　　）。

A. 实用程序完成一些与管理计算机系统资源及文件有关的任务

B. 部分实用程序用于处理计算机运行过程中发生的各种问题

C. 部分实用程序是为了用户能更容易、更方便地使用计算机

D. 实用程序都是独立于操作系统的程序

48. 系统软件中主要包括操作系统、语言处理程序和（　　）。

A. 用户程序　B. 实时程序　C. 实用程序　D. 编辑程序

49. 软件由程序（　　）和文档三部分组成。

A. 计算机　B. 工具　C. 语言处理程序　D. 数据

50. 操作系统是现代计算机系统不可缺少的组成部分。操作系统负责管理计算机的（　　）。

A. 程序　B. 资源　C. 操作　D. 进程

51. 操作系统的主体是（　　）。

A. 数据　B. 程序　C. 内存　D. 主机

52. 十进制数 92 转换为二进制数和十六进制数分别是（　　）。

A. 1011100 和 5C　　　　　　　　B. 1101100 和 61

C. 10101011 和 5D　　　　　　　 D. 1011000 和 4F

53. 下列设备中属于输入设备的是（　　）。

A. 鼠标器　B. 绘图仪　C. 打印机　D. 显示器

54. 下列软件中不属于系统软件的是（　　）。

A. C 语言　B. 诊断程序　C. 操作系统　D. 财务管理软件

55. 在计算机中，图像显示的清晰程度主要取决于显示器的（　　）。

A. 尺寸　B. 亮度　C. 分辨率　D. 对比度

56. 微型计算机中运算器的主要功能是（　　）。

A. 逻辑运算　B. 算术运算　C. 算术和逻辑运算　D. 初等函数运算

57. 下列设备中不能作为输出设备的是（　　）。

A. 键盘　B. 显示器　C. 绘图仪　D. 打印机

58. 计算机运行时若发现病毒，应（　　）。

A. 重新启动机器　B. 停机一天再用　C. 运行杀病毒软件　D. 使用清屏命令

59. 下列存储器中存取速度最快的是（　　）。

A. 硬盘　B. 软盘　C. 内存　D. 光盘

60. 能将高级语言的源程序转换成目标程序的是（　　）。

A. 调试程序　B. 编辑程序　C. 编译程序　D. 解释程序

61. 在微型计算机系统中，指挥并协调计算机各部件工作的设备是（　　）。
A. 控制器　B. 键盘　C. 运算器　D. 存储器

62. 在 24×24 点阵字库中，10 个汉字字模的存储字节数是（　　）。
A. 5760　B. 720　C. 7200　D. 90

63. 对计算机软件正确的认识应该是（　　）。
A. 计算机软件不需要维护
B. 计算机软件只要能复制得到就不必购买
C. 受法律保护的计算机软件不能随便复制
D. 计算机软件不必有备份

64. 将 3.5 英寸软盘的写保护口打开后（即两个小窗口都透光）（　　）。
A. 只能读盘，不能写盘　　　　　B. 不能写盘也不能读盘
C. 既能写盘也能读盘　　　　　　D. 只能写盘，不能读盘

65. 下列各项中不属于多媒体部件的是（　　）。
A. 声卡　B. 光盘驱动器　C. 网卡　D. 视频卡

66. 下面四项中，不属于计算机病毒特征的是（　　）。
A. 潜伏性　B. 传染性　C. 破坏性　D. 免疫性

67. 把硬盘上的数据传送到内存中的过程称为（　　）。
A. 打印　B. 输出　C. 写盘　D. 读盘

68. 某软盘上已染有病毒，为防止该病毒传染计算机系统，正确的措施是（　　）。
A. 将软盘放一段时间再用　　　　B. 在该软盘缺口处贴上写保护
C. 删除软盘上所有程序即删除病毒　D. 将该软盘重新格式化

69. 在一条计算机指令中规定其执行功能的部分称为（　　）。
A. 数据码　B. 操作码　C. 目标地址码　D. 地址码

70. 微型计算机使用的键盘上的 Alt 键称为（　　）。
A. 控制键　B. 上档键　C. 退格键　D. 交替换档键

71. 微型计算机中使用最普遍的字符编码是（　　）。
A. EBCDIC 码　B. 国标码　C. BCD 码　D. ASCII 码

72. 在微型计算机中，能指出 CPU 下一次要执行的指令地址的部件是（　　）。
A. 程序计数器　B. 指令寄存器　C. 数据寄存器　D. 缓冲存储器

73. 键盘打字过程中，手指停放的基本键位是（　　）。
A. ZXCVBNM, ./　B. ASDFJKL；　C. QWERTYUIOP　D. 键盘上的任意键

74. 微型计算机键盘上的 Tab 键是（　　）。
A. 控制键　B. 交替换档键　C. 退格键　D. 制表定位键

75. 为解决某一特定问题而设计的指令序列称为（　　）。
A. 文档　B. 语言　C. 程序　D. 系统

76. 下列关于 MP4 含义的叙述中，正确的是（　　）。
A. MP4 全称是 MPEG-1 Level 4　　B. 可理解为 MP4 播放器

C. 文件扩展名为 mpeg4　　　　　D. 是使用 MPEG-2 part 4 标准的多媒体文档格式

77. 下列关于 DV 的叙述中，错误的是（　　）。

A. DV 数码摄像机的简称　　　　B. DV 是"数字视频"的意思

C. DV 是 DVD Video 的缩写　　　D. DV 是一种数码视频格式

78. 以下选项中，不属于图像文件格式的是（　　）。

A. BMP　　B. GIF　　C. WMA　　D. JPEG

79. 以下选项中，不属于音频文件格式的是（　　）。

A. WAV　　B. MIDI　　C. MP3　　D. TIFF

80. 以下选项中，不属于视频文件格式的是（　　）。

A. MPG　　B. AVI　　C. PCX　　D. ASF

81. cstnet 是（　　）的简称。

A. 中国公用计算机互联网　　　　B. 中国教育和科研计算机网

C. 中国科学技术网　　　　　　　D. 金桥信息网

82. Internet 服务提供者的简称是（　　）。

A. asp　　B. usp　　C. isp　　D. nsp

83. 目前网络传输介质中传输速率最高的是（　　）。

A. 双绞线　　B. 同轴电缆　　C. 光缆　　D. 电话线

84. 世界上最早出现的计算机互连网络是（　　）。

A. Internet　　B. SNA　　C. ARPAnet　　D. DNA

85. Internet 网络是（　　）出现的。

A. 1980 年前后　　B. 70 年代初　　C. 1989 年　　D. 1991 年

86. 以（　　）将网络划分为广域网（WAN）城域网（MAN）和局域网（LAN）。

A 接入的计算机多少　B 接入的计算机类型　C 拓扑类型　D 接入的计算机距离

87. 计算机广域网简称（　　）。

A. pan　　B. man　　C. lan　　D. wan

88. Internet 的前身是（　　）。

A. isdn　　B. atm　　C. tcp　　D. arpanet

89. 计算机网络最主要的目标是实现（　　）。

A. 通信　　B. 交换数据　　C. 资源共享　　D. 连接

90. 局域网不可缺少的软件是（　　）。

A. 局域网应用软件　　B. 局域网操作系统　　C. 局域网数据库　　D. 局域网工具软件

91. 局域网不可缺少的硬件是（　　）。

A. 调制解调器　　B. 通信控制器　　C. 打印机　　D. 网络接口卡

92. 在 Internet 中用来唯一标识主机的一串由字母组成的符号串是（　　）。

A. 主页　　B. 域名　　C. IP 地址　　D. 主机地址

93. Intranet 采用的协议是（　　）。

A. xp 25　　B. tcp/ip　　C. ipx/spx　　D. ieee802

94. 世界上第一台通用电子计算机（ENIAC）采用的基本结构是（　　）。
   A. 计算结构　B. 存储结构　C. 通信结构　D. 网络结构
95. Chinanet 是（　　）的简称。
   A. 中国公用计算机互联网　　　　B. 中国教育和科研计算机网
   C. 中国科学技术网　　　　　　　D. 金桥信息网
96. 微机病毒系指（　　）。
   A. 生物病毒感染　　　　　　　　B. 细菌感染
   C. 被损坏的程序　　　　　　　　D. 特制的具有损坏性的小程序
97. 防范病毒的有效手段，不正确的是（　　）。
   A. 不要将软盘随便借给他人使用，以免感染病毒
   B. 对执行重要工作的计算机要专机专用，专人专用
   C. 经常对系统的重要文件进行备份，以备在系统遭受病毒侵害、造成破坏时能从备份中恢复
   D. 只要安装微型计算机的病毒防范卡，或病毒防火墙，就可对所有的病毒进行防范
98. 下面哪个迹象最不可能像感染了计算机病毒（　　）。
   A. 开机后微型计算机系统内存空间明显变小
   B. 开机后微型计算机电源指示灯不亮
   C. 文件的日期时间值被修改成新近的日期或时间（用户自己并没有修改）
   D. 显示器出现一些莫名其妙的信息和异常现象
99. 下面是关于计算机病毒的 4 条叙述，其中正确的一条是（　　）。
   A. 严禁在计算机上玩游戏是预防计算机病毒侵入的唯一措施
   B. 计算机病毒是一种人为编制的特殊程序，会使计算机系统不能正常运转
   C. 计算机病毒只能破坏磁盘上的程序和数据
   D. 计算机病毒只破坏内存中的程序和数据
100. 目前最好的防病毒软件的作用是（　　）。
   A. 检查计算机是否染有病毒，消除已感染的任何病毒
   B. 杜绝病毒对计算机的感染
   C. 查出计算机已感染的任何病毒，消除其中的一部分
   D. 检查计算机是否染有病毒，消除已感染的部分病毒

模块 2　Windows 7 基本操作

请选择"基本操作"模块，基本操作共有 5 小题，不限制操作的方式。
注意：下面出现的所有文件都必须保存在考生文件夹下。

【案例 2-1】
1. 在考生文件夹中分别建立 BBB 和 FFF 两个文件夹。
2. 在 BBB 文件夹中新建一个名为 BAG.txt 的文件。

3. 请删除考生文件夹下的 BOX 文件夹中的 CHOU.wri 文件。

4. 为考生文件夹下 YAN 文件夹建立名为 YANB 的快捷方式，存放在考生文件夹下的 FFF 文件夹。

5. 搜索考生文件夹下的 TAB.c 文件，然后将其复制到考生文件夹下的 YAN 文件夹中。

【操作解析】：

1. 创建文件夹

①打开考生文件夹；②选择"新建文件夹"命令，即可生成一个新的文件夹，此时文件夹的名字处呈现蓝色可编辑状态，编辑名称为 BBB；③使用和上一步相同的方法再生成一个新的文件夹，编辑名称为 FFF。

2. 创建文件

①打开考生文件夹下刚建立的 BBB 文件夹；②单击鼠标右键，弹出快捷菜单，选择"新建"→"文本文档"命令，即可生成一个新的文本文档，此时文件夹的名字处呈现蓝色可编辑状态，编辑名称为 BAG.txt；

3. 删除文件

①打开考生文件夹下的 BOX 文件夹；②选中 CHOU.WRI 文件并按【Delete】键，弹出确认对话框；③单击"确定"按钮，将文件删除到回收站。

4. 创建文件夹的快捷方式

①打开考生文件夹，选定要生成快捷方式的文件夹 YAN；②选择"组织"→"创建快捷方式"命令，选择"创建快捷方式"命令，即可在考生文件夹下生成一个快捷方式文件；③移动这个文件到考生文件夹下的 FFF 文件夹中，并按<F2>键改名为 YANB。

5. 搜索并复制文件

①打开考生文件夹，在右上角的搜索框中输入下 TAB.c 并按下【Enter】键进行搜索；②出现搜索结果后，选定文件下 TAB.C，并选择"组织"→"复制"命令；③打开考生文件夹下的 YAN 文件夹；④选择"组织"→"粘贴"命令。

【案例 2-2】

1. 在考生文件夹下 CCTVA 文件夹中新建一个文件夹 LEDER。

2. 将考生文件夹下 HIGER \ YION 文件夹中的文件 ARIP.BAT 重命名为 FAN.bat。

3. 将考生文件夹下 GOREST \ TREE 文件夹中的文件 LEAF.map 设置为只读属性。

4. 将考生文件夹下 BOP \ YIN 文件夹中的文件 FILE.wri 复制到考生文件夹下 SHEET 文件夹中。

5. 将考生文件夹下 XEN \ FISHER 文件夹中的文件夹 EATA-A 删除。

【操作解析】：

1. 创建文件夹

①打开考生文件夹下的 CCTVA 文件夹；②选择"新建文件夹"命令，或单击鼠标右键，弹出快捷菜单，选择"新建"→"文件夹"命令，即可生成新的文件夹，此时文件夹的名字处呈现蓝色可编辑状态，编辑名称为 LEDER。

2. 文件重命名

①打开考生文件夹下的文件夹 HIGER\YION；②选中文件 ARIP.bat，并按【F2】键改名为 FAN.bat。

3. 设置文件的属性

①打开考生文件夹下的 GOREST\TREE 文件夹；②选中 LEAF.map 文件选择"组织"→"属性"命令，或单击鼠标右键弹出快捷菜单，选择"属性"命令，即可打开"属性"对话框；③在"属性"对话框中勾选"只读"属性，单击"确定"按钮。

4. 复制文件

①打开考生文件夹下的 BOP\YIN 文件夹，选定文件 FILE.wri；②选择"组织"→"复制"命令，或【Ctrl+C】快捷键；③打开考生文件夹下的 SHEET 文件夹，选择"组织"→"粘贴"命令，或按【Ctr+V】快捷键。

5. 删除文件夹

①打开考生文件夹下的 XEN\FISHER 文件夹；②选中 EATA-A 文件夹并按【Delete】键，弹出确认对话框；③单击"确定"按钮，将文件夹删除到回收站。

【案例 2-3】

1. 在考生文件夹下分别建立 REPORTI 和 REPORT2 两个文件夹。

2. 将考生文件夹下 LAST 文件夹中的 BOYABLE.doc 文件复制到考生文件夹下，文件更名为 SYAD.doc。

3. 搜索考生文件夹中的 ENABLE.PRG 文件，然后将其删除。

4. 为考生文件夹下 REN 文件夹中的 MIN.exe 文件建立名为 KMIN 的快捷方式，并存放在考生文件夹下。

5. 将考生文件夹下 AAA 文件夹中的文件 AABC.c 设置为"隐藏"属性。

【操作解析】：

1. 新建文件夹

①打开考生文件夹，在空白处单击右键，弹出快捷菜单；选择"新建"→"文件夹"命令；②此时文件夹的名字处呈现蓝色可编辑状态，编辑名称为"REPORTI"，按<Enter>完成操作。同样的方法完成"REPORT2"文件夹的创建。

2. 复制与重命名文件

①打开考生文件夹下的 LAST 下文件夹，选定文件 BOYABLE.doc，选择"组织"→"复制"命令，或按【Ctrl+C】快捷键；②打开考生文件夹，选择"组织"→"粘贴"命令，或按【Ctrl+V】快捷键。③选中该文件，单击右键，选择"重命名"命令，此时文件名字呈现蓝色可编辑状态，编辑名称为"SYAD"，按【Enter】完成操作。

3. 搜索与删除文件

①选中考生文件夹；②光标移至窗体右上方的搜索框，在右上方的搜索框内输入"ENABLE.prg"，按下回车键，显示查找结果；③选定文件 ENABLE.prg，按【Delete】键，弹出"确认"对话框；④单击"确定"按钮，将文件删除到回收站。

4. 创建文件的快捷方式

方法1：①打开考生文件夹下REN文件夹，选定生成快捷方式的文件MIN.EXE；②选择"文件"→"创建快捷方式"命令，即可在文件夹下生成一个快捷方式；③移动这个文件到考生文件夹下，并按【F2】键改名为KMIN。

方法2：①在考生文件夹下单击右键，弹出菜单，选择"新建"→"快捷方式"命令，弹出"创建快捷方式"对话框；②单击"浏览"按钮选择REN文件夹下的MIN.EXE文件，单击"下一步"按钮；③在快捷方式名称输入框内输入"KMIN"，单击"完成"按钮。

5. 更改文件属性

①打开考生文件夹下AAA文件夹，选定AABC.c文件；②选择"组织"→"属性"命令，或单击鼠标右键弹出快捷菜单，选择"属性"命令，即可打开"属性"对话框；③在"属性"对话框中勾选"隐藏"属性，单击"确定"按钮。

【案例2-4】

1. 在考生文件夹下创建名为SAN.txt的文件。
2. 请删除考生文件夹下TAME文件夹中的BIAO文件夹。
3. 将考生文件夹下MAO\TOOL文件夹中的文件APPL.exe设置成只读属性。
4. 为考生文件夹下JIAN文件夹中的GAS.exe文件建立名为KGAS的快捷方式，存放在考生文件夹
5. 搜索考生文件夹下的WAB.xls文件，然后将其复制到考生文件夹下的JIAN文件夹中。

【操作解析】：

1. 新建TXT文件

①打开考生文件夹，在空白处单击鼠标右键，弹出浮动菜单；选择"新建"→"文本文档"命令；②此时文件的名字处呈现蓝色可编辑状态，编辑名称为"SAN"，按【Enter】键完成操作。注意：若系统设置为显示文件扩展名，不可更改其名为".txt"后缀。

2. 删除文件夹

①打开考生文件夹下TAME文件夹，选定要删除的BIAO文件夹；②按【Delete】键，弹出确认对话框；③单击"确定"按钮，将文件删除到回收站。

3. 更改文件属性

①打开考生文件夹下MAO\TOOL文件夹，选定APPL.EXE文件；②选择"组织"→"属性"命令，或单击右键弹出快捷菜单，选择"属性"命令，即可打开"属性"对话框；③在对话框中勾选"只读"属性，单击"确定"按钮。

4. 创建文件的快捷方式

方法1：①打开考生文件夹下JIAN文件夹，选定要生成快捷方式的文件GAS.exe；②选择"文件"→"创建快捷方式"命令，或单击右键，选择"创建快捷方式"命令，即可在同文件夹下生成一个快捷方式文件；③移动这个文件到考生文件夹下，并按【F2】键改名为KGAS。

方法 2：①在考生文件夹下，单击鼠标右键，弹出浮动菜单，选择"新建"→"快捷方式"命令，弹出创建快捷方式对话框；②单击"浏览"按钮选择 JIAN 文件夹下的 GAS.EXE 文件，单击"下一步"按钮；③在快捷方式名称输入框内输入"KGAS"，单击"完成"按钮。

5. 查找与复制文件

①选中考生文件夹；②光标移至窗体右上方的搜索框，在搜索框内输入"WAB.xls"，按下回车键，显示查找结果；③选定文件 WAB.xls，选择"组织"→"复制"命令，或按快捷键【Ctrl+C】；④打开考生文件夹下 JIAN 文件夹，选择"组织"→"粘贴"命令，或按快捷键【Ctrl+V】。

【案例 2-5】

1. 在考生文件夹下 YUE 文件夹中创建名为 BAK 的文件夹。
2. 搜索考生文件夹下第三个字母是 c 的所有文本文件，将其移动到考生文件夹下的 YUE\BAK 文件夹中。
3. 删除考生文件夹下 JKQ 文件夹中的 HOU.DBF 文件。
4. 将考生文件夹下 ZHA 文件夹设置成隐藏和只读属性。
5. 将考生文件夹下 FUGUI\YA 文件夹复制到考生文件夹下 YUE 文件夹中。

【操作解析】：

1. 新建文件夹

①打开考生文件夹下 YUE 文件夹中；②选择"文件"→"新建"→"文件夹"命令，或按单击鼠标右键，弹出快捷菜单，选择"新建"→"文件夹"命令，即可生成新的文件夹，此时文件（文件夹）的名字处呈现蓝色可编辑状态。编辑名称为题目指定的名称 BAK。

2. 搜索文件

①打开考生文件夹；②在窗口右上角的搜索框中输入文件名"??C*.txt"，系统自动开始搜索，搜索结果将显示在新打开的一个窗格中，? 和 * 都是通配符，前者表示任意一个字符；后者表示任意一组字符。

移动文件

①选定搜索出的文件；②选择"编辑"→"剪切"命令，或按快捷键【Ctrl+X】；③打开考生文件夹下的 YUE 文件夹中的 BAK 文件夹；④选择"编辑"→"粘贴"命令，或按快捷键【Ctrl+V】。

3. 删除文件

①打开考生文件夹下 JKQ 文件夹；②选定 HOU.dbf 文件，按【Delete】键，弹出确认对话框；③单击"确定"按钮，将文件删除到回收站。

4. 设置文件夹的属性

①选定考生文件夹中的文件夹 ZHA；②选择"文件"→"属性"命令，或按单击鼠标右键弹出快捷菜单，选择"属性"命令，即可打开"属性"对话框；③在"属性"对话框中分别勾选"隐藏""只读"属性，单击"确定"按钮。

5. 复制文件夹

①打开考生文件夹下 FUGUI 文件夹，选定 YA 文件夹；②选择“编辑”→“复制”命令，或按快捷键【Ctrl+C】；③打开考生文件夹下的 YUE 文件夹；④选择“编辑”→“粘贴”命令，或按快捷键【Ctrl+V】。

模块 3 Word 字处理操作

请选择“字处理”模块，然后按照题目要求打开相应的文档，完成相关的操作。

注意：下面出现的所有文件都必须保存在考生文件夹下。

【案例 3-1】

打开文档 WORD. docx，对文档的内容按照要求完成下列操作并以该文件名（WORD. docx）保存文档，原始文档如图 3-1 所示。

全国初中招生人数已多于小雪毕业人数

本报北京 3 月 7 日电 今天来自教育部的消息说，2006 年，小雪招生人数由持续减少转为上升，增量主要在农村。同时，初中招生人数首次大于小雪毕业生人数。

2006 年，全国小雪招生 1729.36 万人，出现明显回升，比上年增加 57.61 万人，增长 3.45%，招生人数增长主要体现在农村。2006 年，全国农村招生 1461.08 万人，比上年增加 66.71 万人，增长 4.78%。河北、河南、湖南、福建、山东和四川 6 省增加人数超过 6 万，占全国农村小雪招生增加人数的比例将近 70%。

教育部有关部门负责人分析，小雪招生数出现回升的主要原因有两点。一是由于“两免一补”政策的推行，部分进城务工人员子女返回老家读书，使得当地小雪招生人数比过去有所增加。二是各地落实新的《义务教育法》，相当一部分进城务工人员子女得以进入当地公办小雪读书，使人口流入省市接受免费义务教育的小雪招生人数明显增长。而原来大部分进城务工人员子女只能在城镇民办简易小雪读书，这些学校多数未纳入教育事业统计范围。

2001-2007 年北京市小雪生人数变化

年份	招生人数	毕业生人数	在校生人数
2001	91230	167076	664443
2002	86406	156683	594241
2003	82631	123580	546530
2004	73577	100139	516042
2005	71020	93486	494482
2006	73138	90799	473275
2007	109203	112332	666617

图 3-1 WORD 原始文档

1. 将文中所有错词“小雪”替换为“小学”；设置上、下页边距各为 3cm。

2. 将标题段文字“全国初中招生人数已多于小学毕业人数”设置为蓝色（标准色）、三号仿宋、加粗、居中，并添加绿色（标准色）方框。

3. 设置正文各段落“本报北京 3 月 7 日电……教育事业统计范围。”左右各缩进 1 字符，首行缩进 2 字符，段前间距 0.5 行；将正文第三段“教育部有关部门……教育事业统计范围。”分为等宽两栏，栏间添加分隔线（注意：分栏时，段落范围包括本段末尾的回车符）。

4. 将文中后行文字转换成一个 8 行 4 列的表格，设置表格居中、表格列宽为 25cm、行高为 0.7cm；设置表格中第一行和第一列文字水平居中，其余文字中部右对齐。

5. 按“在校生人数”列（依据“数字”类型）降序排列表格内容；设置表格外框线为 3 磅红色（标准色）单实线，内框线为 1 磅绿色（标准色）单实线。

【操作解析】：

本题分两部分：第 1 部分是文档排版题，第 2 部分是表格题。

1. 替换操作

选择"替换"按钮，弹出"查找和替换"对话框，在查找内容和替换内容中分别输入"小雪"和"小学"，单击"全部替换"按钮，显示替换结果，单击"确定"按钮，再关闭"查找和替换"对话框，如图 3-2 所示。

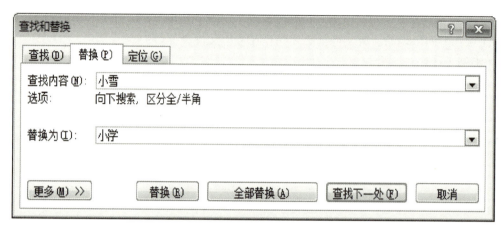

图 3-2　"查找和替换"对话框

2. 文档排版 1

① 选中"页面布局"选项，单击"页面设置"分组右下角箭头，在弹出的"页面设置"对话框中，设定上下边距各为 3cm。单击"确定"按钮，如图 3-3 所示。

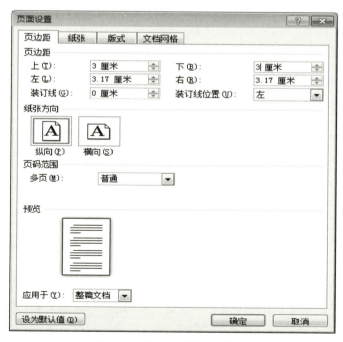

图 3-3　"页面设置"对话框

② 选中标题段文字，选择仿宋，文字设置为蓝色（标准色）、"居中"按钮，单击"字体"分组右下角箭头，弹出对话框，选择中文字体为三号、加粗，如图3-4所示。

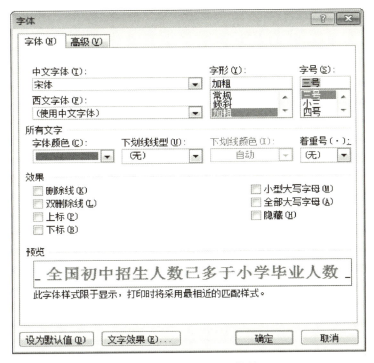

图3-4 "字体设置"对话框

③ 选中标题段文字，选择"段落"分组中"边框和底纹"按钮，在边框标签中选择"方框"，颜色为"绿色"，应用于"文字"，单击"确定"按钮，如图3-5所示。

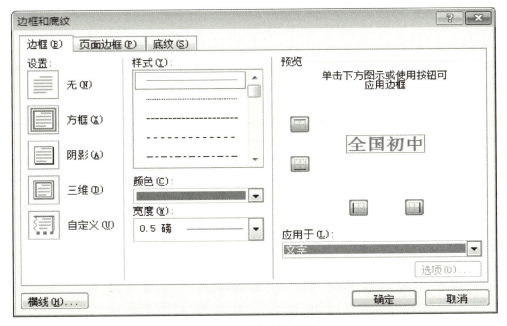

图3-5 文字方框设置

3. 文档排版 2

① 选中正文各段文字,单击"段落"分组右下角箭头,弹出"段落"对话框,在对话框设置左侧、右侧各缩进"1 字符",特殊格式为"首行缩进",缩进值为"2 字符";段前间距"0.5 行",如图 3-6 所示。

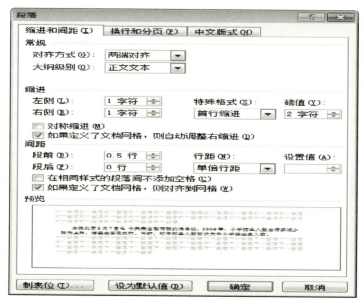

图 3-6 "段落设置"对话框

② 选中第三段文字,选择"页面布局"分栏下方箭头弹出菜单,选择"更多分栏"命令,在弹出的分栏对话框进行设置如下,选择"两栏""栏宽相等",选择"分隔线",应用于"所选文本",单击"确定"按钮。

4. 文字转换表格

① 选中后 8 行文本,选择"插入"→"表格"分组下方箭头展开菜单,选择"文本转换成表格"命令。弹出"文本转换成表格"对话框,将列数设置为 4 列,单击"确定"按钮。

图 3-7 表格居中

② 单击"布局"分别选择"行"和"列"标签,"表"分组中"属性"按钮,在弹出的对话框中选择"对齐方式"为"居中"。分别选将行高和列宽分别设置为 0.7cm 和 2.5cm,单击"确定"按钮,如图 3-7 所示。

③ 选中第一行,单击"段落"分组中的"居中"按钮,使第一行文字居中对齐。

④ 选中其余各行,单击右键,弹出浮动菜单,选择"单元格对齐方式"→"中部右对齐"命令。

⑤ 再选中第一列,单击"段落"分组中的"居中"按钮,使第一行文字居中对齐,如图 3-8 所示。

2001-2007 年北京市小学生人数变化

年份	招生人数	毕业生人数	在校生人数
2001	91230	167076	664443
2002	86406	156683	594241
2003	82631	123580	546530
2004	73577	100139	516042
2005	71020	93486	494482
2006	73138	90799	473275
2007	109203	112332	666617

图 3-8　表格格式设置效果

5. 表格排序和表格内外框颜色设置

表格排序,选中表格,选择"段落"分组中的"排序"按钮,在弹出的"排序"对话框中,设置主要关键字为"在校生人数",依据"数字"类型,按照降序次序,单击"确定"完成。

表格内外框颜色设置,步骤 1:选中表格,在"设计"→"表格样式"分组中单击"边框"在打开的"边框与底纹"对话框选择的"自定义"中,设置线型为"单实线""3 磅",颜色为红色,依次单击右侧"预览"中的上侧框线、下侧框线、左侧框线和右侧框线;步骤 2:设置线型为"单实线""1 磅",颜色为绿色,单击右侧"预览"中的"水平内部框线"和"垂直内部框线",如图 3-9 所示。

【案例 3-2】

在考生文件夹下打开文档 WORD.docx,按照要求完成下列操作并以该文件名(WORD.docx)保存文档。原始文档如图 3-10 所示。

1. 将标题段("六指标凸显 60 年中国经济变化")文字设置为红色(标准色)、三号、黑体、加粗、居中,并添加着重号。

2. 将正文各段("对于中国经济总量……还有很长的路要走。")中的文字设置为小四号、宋体,行距 20 磅。使用"编号"功能为正文第三段至第八段("综合国力……正

图 3-9 "表格边框"设置

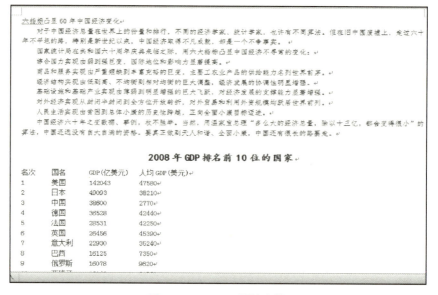

图 3-10 WORD 原始文档

向全面小康目标迈进。")添加编号"一、""二、"……

3. 设置页面上、下边距各为 4cm，页面垂直对齐方式为"底端对齐"。

4. 将文中后 11 文字转换成一个 11 行 4 列的表格，并将表格样式设置为"立体型 1"；设置表格居中、表格中所有文字水平居中；设置表格第一行为橙色（标准色）底纹，其余各行为浅绿色（标准色）底纹。

5. 设置表格第一列宽为 1cm、其余各列列宽为 3cm，表格行高为 0.6cm，表格所有单元格色）底纹的左、右边距均为 0.1cm。

【操作解析】：

1. 字体设置

选中标题段文字，单击"居中"按钮，然后单击"字体"栏右下角箭头。在弹出的对话框中，设置中文字体为黑体，文字设置为红色（标准色）、字号设置为三号、加粗、并添加着重号。如图 3-11 所示，最后单击"确定"按钮。

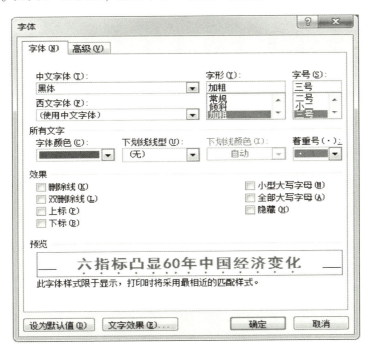

图 3-11 "字体设置"对话框

2. 文档排版

① 选中正文各段文字，单击字体栏右下角箭头，弹出"字体设置"对话框，选择中文字体及西文字体均为"宋体"，字号选为"小四"，单击"确定"按钮。

② 选中正文各段，单击段落栏右下角箭头，选择"行距"为固定值 20 磅，单击"确定"按钮。如图 3-12 所示。

③ 选中第三段至第六段文字，展开"编号"功能，选择对应编号形式，如图 3-13 所示。

3. 页面设置

① 选中"页面布局"功能区，单击页面设置栏右小角箭头，在弹出的对话框中设上下边距各为 4cm。

② 选择"版式"选项卡，设置"垂直对齐方式"为"底端对齐"，单击"确定"按钮。

4. 文字转换表格

① 选中后 11 行文本，选择"插入"功能区，单击表格栏下方箭头展开"文本转换成表格"命令，在弹出的对话框中将列数设置为 4 列，单击"确定"按钮。

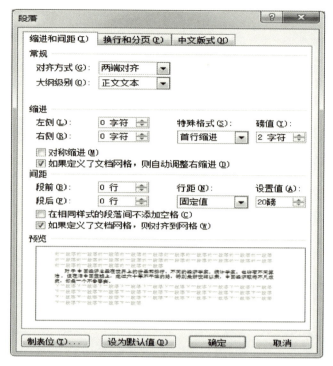

图 3-12 "段落设置"对话框

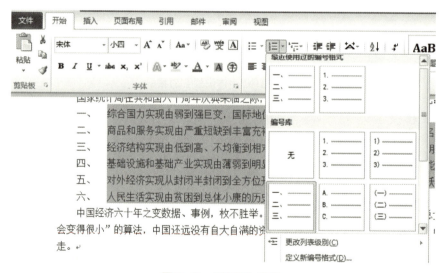

图 3-13 "编号"设置

② 选定表格,选择"表格工具"→"设计",选择表的外观样式,选择样式"立体型 1",如图 3-14 所示。

③ 选择"布局"选项卡,单击"表"→"属性"按钮,设置对齐方式为居中,单击"确定"按钮。

④ 选中第 1 行,单击"表格工具"→"设计"→"底纹"选项,设底纹颜色为"橙色",其余行为"浅绿色"。

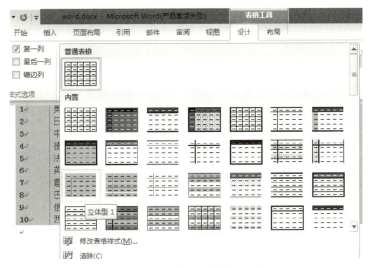

图 3-14 "表格外观样式"设置

5. 表格设置

① 选中除第一列之外的所有列,在相应位置单击右键,弹出浮动菜单,然后选择"表格属性"命令。

② 在弹出的对话框中选择"列"选项卡,选中"指定宽度"复选框,在其后输入宽度为 3cm,单击"确定"按钮,如图 3-15 所示。同样的方式设置第一列宽度为 1cm。

图 3-15 列宽度设置

③ 选中整个表格,在相应位置单击鼠标右键,弹出浮动菜单,选择"表格属性"弹出对话框,选择"行",并激活指定高度设置下拉框,输入宽度为 0.6cm。

④ 单击"表格工具"→"布局"→"对齐方式"分组中的"单元格边距"按钮,在弹出的"表格选项"对话框中,在左右边距输入框中分别输入 0.1cm,单击"确定"按

钮,如图 3-16 所示。

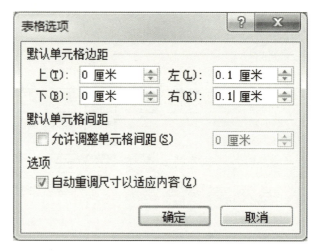

图 3-16 单元格边距设置

【案例 3-3】

请用 Word 2010 对考生文件夹下 WORD.docx 文档中的文字进行编辑、排版和保存。

1. 将标题段("诺基亚,移动通信的全球领先者")文字设置为二号黑体、加粗、居中,并添加粗波浪下划线。

2. 将正文第一段("诺基亚致力于提供……提升其工作效率。")设置为悬挂缩进 2 字符,段后间距 0.3 行。

3. 为正文第二、三段("诺基亚致力于在中国……最大的出口企业。")添加项目符号"◆";将正文第四段("中国也是诺基亚……员工逾 4500 人。")分为带分隔线的等宽两栏,栏间距为 3 字符。

4. 将文中后 5 行文字转换为一个 5 行 5 列的表格,设置表格居中、表格列宽为 2.2cm、行高为 0.6cm,单元格对齐方式为水平居中(垂直、水平均居中)。

5. 设置表格外框线为 0.75 磅蓝色单实线、内框线为 0.5 磅红色单实线;按"价格"列根据"数字"升序排列表格内容。

【操作解析】:

本题分为设置文本和编辑表格两部分,对应 WORD.docx。

1. 设置文本

① 选择标题文本,单击"开始"→"字体"分组中的对话框启动器,在弹出的"字体"对话框的"中文字体"中选择"黑体"(西文字体保持默认选择),在"字号"中选择"二号",在"下划线"中选择"粗波浪线",在"字形"中选择"加粗",单击"确定"按钮关闭对话框。

② 选择标题文本,单击"开始"→"段落"分组中的"居中"按钮。

③ 选择正文的第 1 段,在"开始"选项卡"段落"分组中,单击对话框启动器,在段后中输入"0.3 行",在"特殊格式"中选择"悬挂缩进",在"磅值"中输入"2",

单击"确定"按钮关闭对话框。

④ 选择正文的第 2,3 段,在"开始"选项卡"段落"分组中,单击"项目符号"按钮右侧的下拉按钮,在弹出的"项目符号库"中选择菱形格式。

⑤ 将正文的第 4 段选中,打开"页面布局"选项卡,在"页面设置"分组中,单击"分栏"→"更多分栏"命令,在弹出的"分栏"对话框的"预设"中选择"两栏",在间距中输入"3 字符"并选中"分隔线"和"栏宽相等"复选框。

步骤 6:单击"确定"按钮。

2. 编辑表格

在制作本例时,首先将文本转换为表格,然后再对表格进行编辑,其具体操作如下:

① 将文本中的后 5 行选中,打开"插入"选项卡,在"表格"分组中单击"表格"→"文本转换成表格"命令,在弹出的"将文本转换成表格"对话框中设置"文字分隔位置"为"制表符",单击"确定"按钮完成文本向表格的转换。

② 右键单击,在弹出的快捷菜单中选择"表格属性"命令,在弹出的"表格属性"对话框的"对齐方式"中选择"居中",在"列"选项卡中勾选"指定宽度",在其后的文本框中输入" 2.2cm"。

③ 在"表格属性"对话框的"行"选项卡中勾选"指定高度",在其后的文本框中输入"0.6cm",在"行高值是"中选择"固定值",单击"确定"按钮关闭对话框。

④ 全选表格,单击鼠标右键,在弹出的快捷菜单中选择"单元格对齐方式"→"水平居中"命令,设置表格居中对齐。

⑤ 选中整个表格,单击鼠标右键,在弹出的快捷菜单中选择"边框和底纹"命令,在弹出的"边框和底纹"对话框的"样式"中选择"单实线",在"颜色"中选择"蓝色",在"宽度"中选择"0.75"。

⑥ 在"设置"选项组中单击"自定义"按钮,在"样式"中选择"单实线",在"颜色"中选择"红色",在"宽度"中选择 0.5 磅",将鼠标光标移动到"预览"的表格中心位置,单击鼠标添加内线,单击"确定"按钮关闭对话框。

⑦ 将光标置入表格中,打开"表格工具"→"布局"选项卡,在"数据"分组中单击"排序"命令,在弹出的"排序"对话框的"主要关键字"中选择"价格",在"类型"中选择"数字",并选中"升序"和"有标题行"单选按钮。

⑧ 单击"确定"按钮。

【案例 3-4】

1. 在考生文件夹下,打开文档 WORD1.docx,按照要求完成下列操作并以该文件名(WORD.docx)保存文档。

① 将文中所有错词"网罗"替换为"网络";将标题段文字("首届中国网络媒体论坛在青岛开幕")设置为三号空心黑体、红色、加粗、居中并添加波浪下划线。

② 将正文各段文字("6 月 22 日……评选办法等。")设置为 12 磅宋体;第一段首字下沉,下沉行数为 2,距正文 0.2cm;除第一段外的其余各段落左、右各缩进 1.5 字符,首行缩进 2 字符,段前间距 1 行。

③ 将正文第三段（"论坛的主题是……管理和自律。"）分为等宽两栏，其栏宽17字符。

2. 在考生文件夹下，打开文档 WORD2.docx，按照要求完成下列操作并以该文件名（WORD2.docx）保存文档。

（1）在表格顶端添加一表标题"利民连锁店集团销售统计表"，并设置为小二号楷体GB2312、加粗、居中。

（2）在表格底部插入一空行，在该行第一列的单元格中输入行标题"小计"，其余各单元格中填入该列各单元格中数据的总和。

【操作解析】：

本题分为两小题：第1小题是文档排版题（对应 WORD1.docx），第2小题是表格题（对应 WORD2.docx）。

第1小题

1. 查找替换和字体设置

① 在"开始"→"编辑"分组上，单击"替换"，打开"查找和替换"对话框的"替换"选项卡。

② 在"查找内容"中输入"网罗"，在"替换为"中输入"网络"。单击"全部替换"按钮，此时会弹出提示对话框，在该对话框中直接单击"确定"按钮即可完成对错词的替换工作。之后关闭对话框。

③ 选中标题段（"首届中国网络媒体论坛在青岛开幕"），在"开始"→"字体"分组上，将字体设置为三号、黑体、红色、加粗，在"段落"分组上把对齐方式设置为居中。

④ 单击"字体"分组右下角的展开按钮，打开"字体"对话框。在对话框中把"下划线线型"设置为波浪线，然后单击"文字效果"按钮，在弹出的"设置文本效果格式"框中，"文本填充"选择"无填充"，"文本边框"选择"实线"。单击"关闭"按钮，单击"确定"按钮关闭对话框。

2. 正文格式设置

① 选中正文各段文字（"6月22日，……评选办法等。"），在"开始"→"字体"分组上，将字体设置为12磅、宋体。

② 选中正文第一段文字，单击"插入"→"文本"分组下的"首字下沉"按钮，在弹出的菜单中选择"首字下沉选项"。在打开的对话框中设置"位置"为下沉，"下沉行数"为2、距正文0.2cm。

③ 选中正文其余各段，在"开始"→"段落"分组上，单击选项卡右下角的"段落"按钮。在打开的"段落"对话框中将段落格式设置为左缩进1.5字符、右缩进1.5字符，首行缩进2字符，段前距1行。之后关闭对话框。

3. 分栏

① 选中正文第三段（"论坛的主题是……管理和自律。"注意：选择段落范围包括本段末尾的回车符），在"页面布局"→"页面设计"分组上，单击"分栏"按钮，在弹出

的菜单中选定"更多分栏"命令。在弹出的对话框中选择"两栏",栏宽为17字符,单击"确定"按钮关闭对话框。

② 单击"保存"按钮保存文件,并退出 Word。

第2小题

1. 表格设置

在表格上面的行中输入"利民连锁店集团销售统计表",在"开始"→"字体"分组中设置为小二号、楷体、加粗;在"段落"分组中将对齐方式设置为"居中"。

2. 插入行和表格计算

① 选中表格最后一行,单击"布局"→"行和列"分组中的"在下方插入"按钮,将会在表格的最后一行的后面插入一个新行。

② 在新插入的行第一列输入文本"小计";在新插入的行第二列中单击鼠标,然后单击"布局"→"数据"分组中的"公式"按钮,弹出"公式"对话框。在对话框中输入函数"=SUM(ABOVE)",单击"确定"按钮关闭对话框,此时将计算出第一列的小计。用同样的方法依次计算出右面各列的小计。

【案例3-5】

在考生文件夹下,打开文档 WORD.docx,按照要求完成下列操作并以该文件名(WORD.docx)保存文档。存在考生文件夹下。

1. 将标题段("GDP 与 GNP 的区别")文字设置为三号红色黑体、字符间距加宽 6 磅、并添加黄色文字底纹。

2. 将正文各段落("GDP……的概念。")中的西文文字设置为五号 Arial 字体(中文文字字体不变);设置正文各段落左、右各缩进 1 字符,首行缩进 2 字符;

3. 在页面底端插入页码(普通数字2),并设置起始页码为"Ⅲ"。

4. 将文中后 11 行文字转换为一个 11 行 4 列的表格;设置表格居中,表格第一列列宽为 2cm、其余各列列宽为 3cm、行高为 0.6cm,表格单元格对齐方式为水平居中(垂直、水平均居中)。

5. 设置表格外框线为 0.75 磅蓝色双实线、内框线为 0.5 磅红色单实线;按"人均 GDP(美元)"列(依据"数字"类型)升序排列表格内容。

【操作解析】:

1. 设置文本字段

① 选择标题文本,在"开始"→"字体"分组中,单击对话框启动器,在弹出的"字体"对话框的"中文字体"中选择"黑体"(西文字体保持默认选择),在"字号"中选择"三号",在"字体颜色"中选择"红色"。

② 单击"高级"选项卡,在"字符间距"下"间距"框中选择"加宽",在其后的文本框中输入数值"6磅"。

③ 保持文本的选中状态,在"开始"→"段落"分组上,单击"下框线"按钮右侧的下拉按钮,在弹出的列表中选择"边框和底纹"命令,在"边框和底纹"对话框"底纹"的"填充"中选择"黄色",在"应用于"中选择"文字",单击"确定"按钮完成

设置。

④ 选择所有的正文文本（标题段不要选），在"开始"→"字体"分组中，单击对话框启动器，在弹出的"字体"对话框的"西文字体"中选择"Arial"，在"字号"中选择"五号"。

2. 设置段落格式并插入页码

① 保持文本的选中状态，单击鼠标右键，在弹出的快捷菜单中选择"段落"命令，在弹出的"段落"对话框的"左侧"中输入"1 字符"，"右侧"中输入"1 字符"；在"特殊格式"中选"首行缩进"，在"磅值"中输入"2 字符"，单击"确定"按钮即可完成设置。

② 在"插入"→"页眉和页脚"分组中，单击"页码"→"页面底端"，在弹出的列表中选择"普通数字 2"。

③ 在页眉页脚编辑状态下，在"页眉和页脚"分组上单击"页码"→"设置页码格式"，在弹出"页码格式"对话框的"编号格式"下拉列表框中选择"Ⅰ，Ⅱ，Ⅲ……"选项，在"页码编号"选中"起始页码"复选框，并在其后设置起始页为"Ⅲ"。单击"关闭页眉和页脚"按钮返回正常编辑状态。

3. 转化并设置表格属性

① 选择文档中的最后 11 行，打开"插入"选项卡，在"表格"分组中单击"表格"→"文本转换成表格"命令，在弹出的"将文字转换成表格"对话框中选择文字分隔位置为"制表符"，直接单击"确定"按钮。

② 选定全表，右键单击，在弹出的快捷菜单中选择"表格属性"命令，在弹出的"表格属性"对话框的"表格"选项卡"对齐方式"里选择"居中"；在"列"选项卡中勾选"指定宽度"，设置其值为"3cm"，在"表格属性"对话框的"行"选项卡中勾选"指定高度"，在其后的文本框中输入 0.6cm"，在"行高值是"中选择"固定值"，并单击"确定"按钮。

③ 选择表格的第 1 列，单击鼠标右键，在弹出的快捷菜单中选择"表格属性"命令，在弹出的"表格属性"对话框的"列"选项卡中勾选"指定宽度"，并修改文本框的值为"2cm"。

④ 单击"确定"按钮返回到编辑页面中，保持表格的选中状态，单击鼠标右键在弹出快捷菜单中选中"单元格对齐方式"命令，在弹出子菜单中选择"水平居中"命令。

4. 设置表格边框线

① 保持表格的选中状态，单击鼠标右键，在弹出的快捷菜单中选择"边框和底纹"命令，在弹出的"边框和底纹"对话框的"样式"中选择"双实线"，在"宽度"中选择"0.75 磅"，在"颜色"中选中"蓝色"。

② 在"设置"选项组中单击"自定义"按钮，在"样式"中选择"单实线"，在"宽度"中选择"0.5 磅"，在"字体颜色"中选择"红色"，将鼠标光标移动到"预览"的表格中心位置，单击鼠标添加内线，单击"确定"按钮关闭对话框。

5. 排序

将光标置入表格中，打开"表格工具"→"布局"选项卡，在"数据"分组中单击"排序"命令，在弹出的"排序"对话框的"主要关键字"中选择"人均GDP（美元）"列，在"类型"中选择"数字"并选择"升序"，并单击"确定"按钮完成编辑。

模块 4　Excel 电子表格处理

请选择"电子表格"模块，然后按照题目要求打开相应的文档，完成相关的操作。

注意：下面出现的所有文件都必须保存在考生文件夹下。

【案例 4-1】

1. 在考生文件夹下打开 EXCEL.xlsx 文件（图 4-1），①将 Sheet1 工作表的 A1：G1 单元格合并为一个单元格，内容水平居中；计算"月平均值"行的内容（数值型，保留小数点后 1 位）；计算"最高值"行的内容（三年中某月的最高值，利用 MAX 函数）。②选取"月份"行（A2：G2）和"月平均值"行（A6：G6）数据区域的内容建立"带数据标记的折线图"，图表标题为"月平均降雪量统计图"，删除图例；将图插入到表的 A9：G23 单元格区域内，将工作表命名为"月平均降雪量统计表"，保存 EXCEL.xlsx 文件。

	A	B	C	D	E	F	G
1	某地区近三年降雪量统计表 (单位mm)						
2	月份	一月	二月	三月	十月	十一月	十二月
3	06年	87.2	65.9	20.5	34.7	46.0	109.0
4	07年	119.8	48.3	27.9	12.5	26.6	76.1
5	08年	93.4	105.3	17.3	45.6	34.9	88.6
6	月平均值						
7	最高值						

图 4-1　降雪量统计表

2. 打开工作簿文件 EXC.xlsx（图 4-2），对工作表"产品销售情况表"内数据清单的内容按主要关键字"产品名称"的升序次序和次要关键字"分店名称"的升序进行排序，对排序后的数据进行分类汇总，分类字段为"产品名称"，汇总方式为"求和"，汇总项为"销售额"，汇总结果显示在数据下方，工作表名不变，保存 EXC.xlsx 工作簿。

【操作解析】：

本题分为两小题：第 1 小题是基本题、函数题、图表题（对应 EXCEL.xlsx），第 2 小题是数据处理题（对应 EXC.xlsx）。

第 1 小题

1. 基本题、函数题、图表题

① 选中工作表 Sheet1 中的 A1：G1 单元格，单击"开始"选项"对齐方式"中的"合并后居中"按钮，这样一下完成两项操作：选中的单元格合并成一个单元格、单元格中的内容水平居中对齐。

	A	B	C	D	E	F	G	H
1				产品销售情况表				
2	分店名称	季度	产品型号	产品名称	单价（元）	数量	销售额（万元）	销售排名
3	第3分店	1	K02	空调	4460	76	33.90	1
4	第2分店	1	S02	手机	3210	96	30.82	2
5	第1分店	2	K02	空调	4460	68	30.33	3
6	第2分店	1	D02	电冰箱	3540	75	26.55	4
7	第3分店	2	D02	电冰箱	3540	64	22.66	5
8	第2分店	2	D01	电冰箱	2750	72	19.80	6
9	第3分店	2	K02	空调	4460	42	18.73	7
10	第1分店	2	K01	空调	2340	79	18.49	8
11	第3分店	1	S02	手机	3210	57	18.30	9
12	第3分店	1	D01	电冰箱	2750	66	18.15	10
13	第1分店	1	S02	手机	3210	56	17.98	11
14	第2分店	1	D01	电冰箱	2750	65	17.88	12
15	第2分店	2	K02	空调	4460	37	16.50	13
16	第3分店	1	D02	电冰箱	3540	45	15.93	14

图 4-2　产品销售情况表

② 在 B6 中输入公式"= AVERAGE（B3：B5）"，将自动计算第一列的平均值。接下来将鼠标置于 B6 单元格的右下角的黑色方块上，出现实心细十字光标，按住鼠标左键向右拖动鼠标到 G6 单元格松开鼠标左键，将会把 B6 中的公式自动复制到 C6 到 G6 的区域中。

③ 选定 B6：G6 单元格区域，在"开始"选项"单元格"分组中，单击"格式"→"设置单元格格式"命令，在弹出的设置单元格格式对话框"数字"的"分类"中选择"数值"，在"小数位数"中输入"1"。

④ 在 B7 中输入公式"=MAX(B3：B5)"，将自动计算第一列的最高值。接下来将鼠标置于 B7 单元格的右下角的黑色方块上，出现实心细十字光标，按住鼠标左键向右拖动鼠标到 G7 单元格松开鼠标左键，将会把 B7 中的公式自动复制到 C7 到 G7 的区域中。

2. 插入图表

① 选中工作表 sheet1 中的 A2：G2 单元格，然后按住【Ctrl】键选中 A6：G6 单元格，单击"插入"→"图表"分组中的"图表"→"折线图"→"带数据标记的折线图"按钮，如图 4-3 所示。

② 按住【Alt】键拖动图表的四角，使图表正好在 A9：G23 单元格区域内。选中图表，单击"布局"→"标签"中的"图例"→"无"按钮；将图表的原标题"月平均值"改为"月平均降雪量统计图"。

③ 在底部的工作表名称 Sheet1 上单击鼠标右键，在弹出的菜单中选择"重命名"命令，然后输入新的工作表名"月平均降雪量统计表"。单击左上角的保存按钮保存工作簿并退出 Excel 程序。

第 2 小题

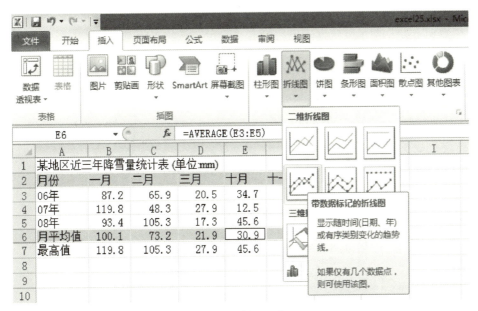

图4-3 插入图表

1. 排序和分类汇总

① 单击工作表中的数据区域（A2：H38）中的任意一个单元格，单击"开始"→"编辑"中的"排序和筛选"→"自定义排序"按钮，将会打开"排序"对话框。在对话框中第一行的"主要关键字"栏中选择"产品名称"，"次序"选择"升序"；然后单击对话框左上角的"添加条件"按钮，出现"次要关键字"行，依次设置"次要关键字"为"分店名称"，"次序"选择"升序"，最后单击"确定"按钮，如图4-4所示。

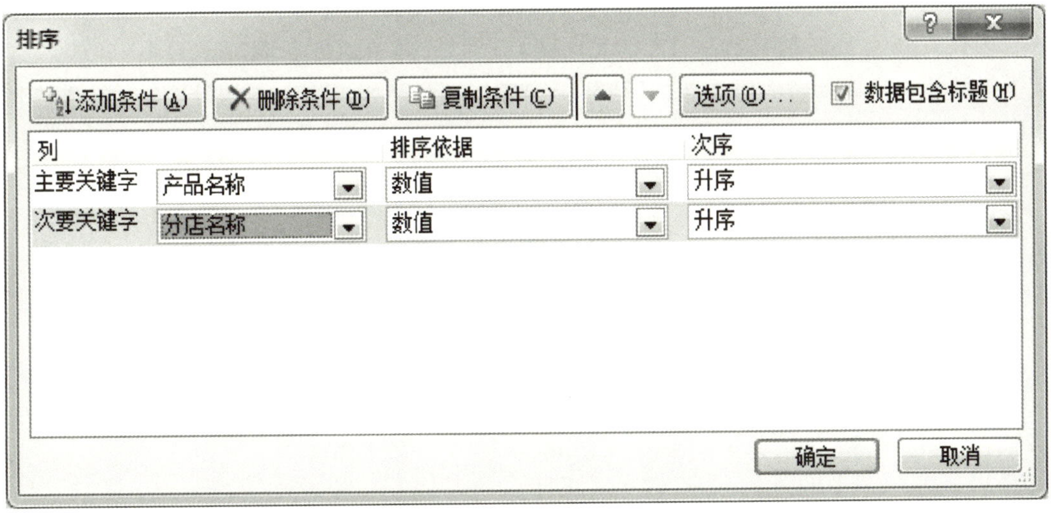

图4-4 排序"关键字"设置

② 单击"数据"→"分级显示"中的"分类汇总"按钮，弹出"分类汇总"对话框。在对话框的"分类"字段"中选择"产品名称"，"汇总方式"中选择"求和"，"选

定汇总项"中选择"销售额（万元）"，勾选下面的"替换当前分类汇总"和"汇总结果显示在数据下方"两个复选框。最后单击"确定"按钮关闭对话框，如图4-5所示。

图4-5 分类汇总

③ 单击"保存"按钮保存工作簿并退出Excel。

【案例4-2】

1. 打开工作簿文件EXCEL.xlsx（图4-6），①将Sheet1工作表的A1：F1单元格合并为一个单元格，内容水平居中；计算"上升案例数"（保留小数点后0位），其计算公式是：上升案例数=去年案例数×上升比率；给出"备注"列信息（利用IF函数），上升案例数大于50，给出"重点关注"，上升案例数小于50，给出"关注"；利用套用表格格式的"表样式浅色15"修饰A2：F7单元格区域。②选择"地区"和"上升案例数"两列数据区域的内容建立"三维簇状柱形图"，图表标题为"上升案例数统计图"，图例靠上；将图插入到表A1：F25单元格区域，将工作表命名为"上升案例数统计表"，保存EXCEL.xlsx文件。

	A	B	C	D	E	F
1	某地区案例情况表					
2	序号	地区	去年案例数	上升比率	上升案例数	备注
3	1	A地区	5300	0.50%		
4	2	B地区	8007	2.00%		
5	3	C地区	3400	2.10%		
6	4	D地区	6105	1.00%		
7	5	E地区	4672	1.20%		

图4-6 案例情况表

2. 打开工作簿文件EXC.xlsx（图4-7），对工作表"产品销售情况表"内数据清单的内容建立高级筛选，在数据清单前插入四行，条件区域设在 B1：F3 单元格区域，请在对应字段列内输入条件，条件是"西部2"的"空调"和"南部1"的"电视"，销售额均在 10 万元以上，工作表名不变，保存 EXC. xlsx 工作簿。

	A	B	C	D	E	F	G
1	季度	分公司	产品类别	产品名称	销售数量	销售额（万元）	销售额排名
2	1	西部2	K-1	空调	89	12.28	26
3	1	南部3	D-2	电冰箱	89	20.83	9
4	1	北部2	K-1	空调	89	12.28	26
5	1	东部3	D-2	电冰箱	86	20.12	10
6	1	北部1	D-1	电视	86	38.36	1
7	3	南部2	K-1	空调	86	30.44	4
8	3	西部1	K-1	空调	84	11.59	28
9	2	东部2	K-1	空调	79	27.97	6
10	3	西部1	D-1	电视	78	34.79	2
11	3	南部3	D-2	电冰箱	75	17.55	18
12	2	北部1	D-1	电视	73	32.56	3
13	2	西部3	D-2	电冰箱	69	22.15	8
14	1	东部1	D-1	电视	67	18.43	14
15	3	东部1	D-1	电视	66	18.15	16
16	2	东部3	D-2	电冰箱	65	15.21	23
17	1	南部1	D-1	电视	64	17.60	17
18	3	北部1	D-1	电视	64	28.54	5
19	2	南部2	K-1	空调	63	22.30	7

图 4-7　产品销售情况表

【操作解析】：

本题分两小题：第 1 小题是基本题、函数题、图表题（对应 EXCEL. xlsx），第 2 小题是数据处理题（对应 EXC. xlsx）。

1. 计算总计值

① 选中工作表 Sheet1 中的 A1：F1 单元格，单击"开始"→"对齐方式"中的"合并后居中"按钮，这样一下完成两项操作：选中的单元格合并成一个单元格、单元格中的内容水平居中对齐。

② 在 E3 中输入公式"＝C3＊D3"求出第一行的上升案例数。接下来将鼠标置于 E3 单元格的右下角的黑色方块上，出现实心细十字光标，按住鼠标左键向下拖动鼠标到 E7 单元格松开鼠标左键，将会把 E3 中的公式自动复制到 E4：E7 的区域中。

③ 选定 E3：E7 单元格，在"开始"→"单元格"分组中，单击"格式"→"设置单元格格式"命令，在弹出的"设置单元格格式"对话框"数字"的"分类"中选择"数值"，在"小数位数"中输入"0"，然后单击"确定"按钮。

④ 在 F3 中输入公式"＝IF(E3>50,"重点关注","关注")"将自动计算第一行备注，如果 E3 单元格的值大于 50，则显示"重点关注"，否则显示"关注"。

步骤 5：接下来将鼠标置于 F3 单元格的右下角的黑色方块上，出现实心细十字光标，按住鼠标左键向下拖动鼠标到 F7 单元格松开鼠标左键，将会把 F3 中的公式自动复制到 F4：F7 的区域中。

步骤6：选中 A2 至 F7 单元格，单击"开始"→"样式"分组中的"套用表格格式"→"表样式浅色15"，在弹出的对话框中单击确定按钮，如图4-8所示。

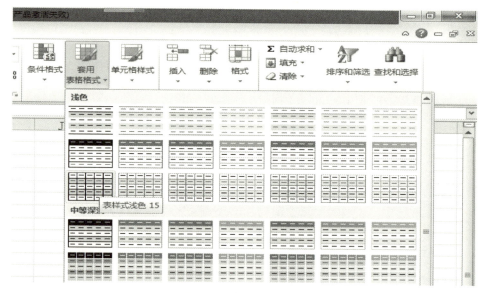

图 4-8　套用表格格式

2. 插入图表

① 选中工作表 Sheet1 中的 B2：B7 单元格区域，然后按住【Ctrl】键选中 E2：E7 单元格区域，单击"插入"→"图表"中的"图表"→"柱形图"→"三维簇状柱形图"按钮，如图4-9所示。

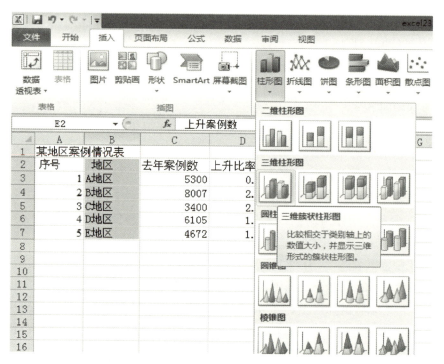

图 4-9　插入图表

② 按住【Alt】键拖动图表的四角，使图表正好在 A10：F25 单元格区域内。

③ 选中图表，单击"布局"→"标签"中的"图例"→"在顶部显示图例"按钮；在图表中把原标题"上升案例数"改为"上升案例数统计图"。

④ 在底部的工作表名称 Sheet1 上单击右键，在弹出的菜单中选择"重命名"命令，然后输入新的工作表名"上升案例数统计表"。单击"保存"按钮保存工作簿并退出 Excel。

3. 高级筛选

① 选中工作表的前 4 行，单击"开始"→"单元格"分组中的"插入"按钮右侧的下拉箭头，在弹出的菜单中选择"插入工作表行"命令。

② 将工作表的 B5：F5 单元格的内容复制到 B1：F1 单元格，然后在 B2 单元格内填入"西部*"，B3 单元格内填入"南部*"，星号代表通配任意一个字符；D2 单元格内填入"空调"，D3 单元格内填入"电视"；F2 和 F3 单元格内都填入">10"构造条件区域，如图 4-10 所示。

	A	B	C	D	E	F	G
1		分公司	产品类别	产品名称	销售数量	销售额（万元）	
2		西部*		空调		>10	
3		南部*		电视		>10	
4							
5	季度	分公司	产品类别	产品名称	销售数量	销售额（万元）	销售额排名
6	1	西部2	K-1	空调	89	12.28	26
7	1	南部3	D-2	电冰箱	89	20.83	9
8	1	北部2	K-1	空调	89	12.28	26
9	1	东部3	D-2	电冰箱	86	20.12	10
10	1	北部1	D-1	电视	86	38.36	1

图 4-10　条件区域设置

③ 单击"数据"→"排序和筛选"分组中的"高级"按钮，在"高级筛选"对话框中，列表区域填入"＄A＄5：＄G＄541"条件区域填入"＄B＄1：＄F＄3，如图 4-11 所示，单击"确定"按钮关闭对话框完成筛选。

④ 单击"保存"按钮保存工作簿并退出 Excel。

【案例 4-3】

1. 在考生文件夹下打开 EXCEL.xlsx 文件，如图 4-12 所示。①将 Sheet1 工作表的 A1：F1单元格合并为一个单元格，内容水平居中；按统计表第 2 行中每个成绩所占比例计算"总成绩"列的内容（数值型，保留小数点后 1 位），按总成绩的降序次序计算"成绩排名"列的内容（利用 RANK 函数）；利用条件格式（条件中的关系符请用"小于或等于"）将 F3：F10 区域内排名前五位的字体颜色设置为蓝色。②选取"选手号"列（A2：A10）和"总成绩"列（E2：E10）数据区域的内容建立"柱形圆锥图"（系列产生在"列"），图表标题为"竞赛成绩统计图"，图例位置靠上；将图插入到表的

A12：D26 单元格区域内，将工作表命名为"竞赛成绩统计表"，保存 EXCEL.xlsx 文件。

	A	B	C	D	E	F	G
1		分公司	产品类别	产品名称	销售数量	销售额（万元）	
2		西部*		空调		>10	
3		南部*		电视		>10	
4							
5	季度	分公司	产品类别	产品名称	销售数量	销售额（万元）	销售额排名
6	1	西部2	K-1	空调	89	12.28	26
7	1	南部3	D-2			20.83	9
8	1	北部2	K-1			12.28	26
9	1	东部3	D-2			20.12	10
10	1	北部1	D-1			38.36	1
11	3	南部2	K-1			30.44	4
12	3	西部2	K-1			11.59	28
13	2	东部2	K-1			27.97	6
14	3	西部1	D-1			34.79	2
15	3	南部3	D-2			17.55	18
16	2	北部1	D-1			32.56	3
17	2	西部3	D-2			22.15	8
18	1	东部1	D-1			18.43	14
19	3	东部1	D-1	电视	66	18.15	16
20	2	东部3	D-2	电冰箱	65	15.21	23
21	1	南部1	D-1	电视	64	17.60	17
22	3	北部1	D-1	电视	64	28.54	5

图 4-11 高级筛选

	A	B	C	D	E	F
1	竞赛成绩统计表					
2	选手号	初赛成绩（占10%）	复赛成绩（占20%）	决赛成绩（占70%）	总成绩	成绩排名
3	A01	89	78	79		
4	A02	78	65	63		
5	A03	96	87	81		
6	A04	67	73	69		
7	A05	85	92	76		
8	A06	74	85	82		
9	A07	91	79	73		
10	A08	82	66	91		

图 4-12 竞赛成绩统计表

2. 打开工作簿文件 EXC.xlsx，对工作表"产品销售情况表"内数据清单的内容进行自动筛选（请用自定义方式中"小于或等于"），条件为第 1 分店和第 2 分店且销售排名在前 15 名；对筛选后的数据清单按主要关键字"销售排名"的升序次序和次要关键字

"分店名称"的升序次序进行排序，工作表名小变，保存EXC. xlsx工作簿。

【操作解析】：

本题分为两小题：第1题是基本题、函数题、图表题（对应EXCEL. xlsx），第2题是数据处理题（对应EXC. xlsx）。

第1小题

1. 计算总计值

① 选中工作表Sheet1中的A1：F1单元格，单击"开始"→"对齐方式"中的"合并后居中"按钮，这样一下完成两项操作：选中的单元格合并成一个单元格、单元格中的内容水平居中对齐。

② 在E3中输入表达式"=B3*0.1+C3*0.2+D3*0.7"将自动计算第一行的成绩。接下来将鼠标置于E3单元格的右下角的黑色方块上，出现实心细十字光标，按住鼠标左键向下拖动鼠标到E10单元格松开鼠标左键，将会把E3中的公式自动复制到E4到E10的区域中，计算所有的成绩。

③ 选定E3：E10。单元格，在"开始"→"单元格"分组中，单击"格式"→"设置单元格格式"命令，在弹出的"设置单元格格式"对话框"数字"的"分类"中选择"数值"，在"小数位数"中输入"1"。

④ 在F3中输入公式"=RANK(E3,E\$3：E\$10)"，将自动计算第一行的成绩排名。由于下面的各行都在同一个数据区域中计算排名，因此使用\$确定除数的绝对位置。接下来将鼠标置于F3单元格的右下角的黑色方块上，出现实心细十字光标，按住鼠标左键向下拖动鼠标到F10单元格松开鼠标左键，将会把F3中的公式自动复制到F4：F10。的区域中，计算所有的成绩排名。

⑤ 选中F3：F10单元格，单击"开始"→"样式"分组中的"条件格式"→"突出显示单元格规则"→"小于"命令。在弹出的"小于"对话框中，"值"填入6，"设置为"选择"自定义格式"，在弹出的"设置单元格格式"对话框中设置字体颜色为蓝色，然后先后单击"确定"按钮关闭两个对话框。

2. 插入图表

① 选中工作表Sheet1中的A2：A10单元格，然后按住【Ctrl】键选中E2：E10。单元格，单击"插入"→"图表"中的"图表"→"柱形图"→"簇状圆锥图"按钮。

② 按住【Alt】键拖动图表的四角，使图表正好在A12：D26单元格区域内。选中图表，单击"布局"→"标签"中的"图例"→"在顶部显示图例"按钮；将图表的原标题"总成绩"改为"竞赛成绩统计图"。

③ 在底部的工作表名称Sheet1上单击鼠标右键，在弹出的菜单中选择"重命名"命令，然后输入新的工作表名"竞赛成绩统计表"。单击"保存"按钮并退出Excel程序。

第2小题 自动筛选和排序

① 选中工作表的数据区域（即A2至H38的区域），单击"开始"→"编辑"中的"排序和筛选"→"筛选"按钮，将会在数据表第二行的每一个单元格右边出现一个下拉按钮；单击"分店名称"右边的下拉按钮，在弹出的菜单中取消"第3分店"前面的复

选框，然后单击"确定"按钮。

② 单击"销售排名"右边的下拉按钮，在弹出的菜单中选择"数字筛选"→"小于或等于"命令，弹出"自定义自动筛选方式"对话框，在对话框中的"小于或等于"后面的文本框中填写巧，单击"确定"按钮关闭对话框。

③ 单击筛选以后数据区域中的任意一个单元格，单击"开始"→"编辑"中的"排序和筛选"→"自定义排序"按钮，将会打开"排序"对话框。在对话框中第一行的"主要关键字"栏中选择"销售排名"，"次序"选择"升序"；然后单击对话框左上角的"添加条件"按钮，出现"次要关键字"行，设置"次要关键字"为"分店名称"，"次序"选择"升序"，最后单击"确定"按钮。

④ 单击"保存"按钮保存工作簿并退出 Excel 程序。

【案例 4-4】

1. 在考生文件夹下打开 EXCEL.xlsx 文件，①将 Sheet1 工作表的 A1：N1 单元格合并为一个单元格，内容水平居中；计算"全年平均"列的内容（数值型，保留小数点后两位）；计算"最高值"和"最低值"行的内容（利用 MAX 函数和 MIN 函数，数值型，保留小数点后两位）；将工作表命名为"销售额同期对比表"。②选取"销售额同期对比表"的 A2：M5 数据区域的内容建立"带数据标记的折线图"（数据系列产生在"行"），在图表上方插入图表标题为"销售额同期对比图"，X 坐标轴为主要网格线，Y 坐标轴为次要网格线，图例靠左显示；将图插入到表的 A9：I22 单元格区域内，保存 EXCEL.xlsx 文件。

2. 打开工作簿文件 EXC.xlsx，对工作表"某商城服务态度考评表"内数据清单的内容进行自动筛选，条件为日常考核、抽查考核、年终考核三项成绩均大于或等于 75 分；对筛选后的内容按主要关键字"平均成绩"的降序次序和次要关键字"部门"的升序排序，保存 EXC.xlsx 文件。

【操作解析】：

本题分为两小题：第 1 小题是基本题、函数题、图表题（对应 EXCEL.xlsx），第 2 小题是数据处理题（对应 EXC.xlsx）。

第 1 小题

1. 计算平均值

① 选中工作表 Sheet1 中的 A1：N1 单元格，单击"开始"→"对齐方式"中的"合并后居中"按钮，这样一下完成两项操作：选中的单元格合并成一个单元格、单元格中的内容水平居中对齐。

② 在 N3 中输入公式"=AVERAGE(B3：M3)"，将自动计算求出 B3 至 M3 区域内所有单元格的数据的平均值，该值出现在 N3 单元格中。注意：这里公式的形式不限于一种，还可以表达为"=(SUM(B3：M3)/12"或是"=(B3+C3+……+M3)/12"，虽然形式不同，但其计算结果是一样。

③ 将鼠标移动到 N3 单元格的右下角，按住鼠标左键不放向下拖动即可计算出其他行的平均值。这里其实是将 N3 中的公式复制到 N4，N5 中了。

④ 选定 N3：N5，在"开始"选项卡"单元格"分组中，单击"格式"片设置单元格格式"命令，在弹出的"设置单元格格式"对话框"数字"的"分类"中选择"数值"，在"小数位数"中输入"2"。

2. 使用 MAX/MIN 函数计算最大值和最小值

① 在 B6 中输入公式"＝MAX(B3：B5)"，将自动寻找出 B3 至 B5 区域内所有单元格中最大的一个数据，并将该数据显示在 B6 单元格中；同理，在 B7 中输入公式"＝MIN(B3：B5)"即可求出 B 列的最小值。MAX 是求最大值的函数，MIN 是求最小值的函数。

② 选定 B6，B7 两个单元格，将鼠标移动到 B7 单元格的右下角，按住鼠标左键不放向右拖动即可计算出其他列的最大值和最小值。这里完成的其实就是将 B6，B7 中的公式复制到其他单元格的过程。

③ 选定 B6：N7，在"开始"选项卡"单元格"分组中，单击"格式"片设置单元格格式"命令，在弹出的"设置单元格格式"对话框"数字"的"分类"中选择"数值"，在"小数位数"中输入"2"。

④ 将鼠标光标移动到工作表下方的表名处，单击鼠标右键，在弹出的快捷菜单中选择"重命名"命令，直接输入表的新名称"销售额同期对比表"。

3. 建立和编辑图表

选择工作簿中需要编辑的工作表，为其添加图表，其具体操作如下：

① 选取"销售额同期对比表"的 A2：M5 数据区域，在"插入"→"图表"分组中，选择"折线图"→"带数据标记的折线图"生成新图表。

② 选择图表，打开"图表工具"→"布局"选项卡，在"标签"分组中单击"图表标题"→"图表上方"，新建一个图表标题框。将光标插入图表标题框中，将标题改名为"销售额同期对比图"。

③ 选定分类轴（X 轴），右键单击弹出快捷菜单，在快捷菜单中选择"添加主要网格线"。同理，选定数值轴（Y 轴）中，在快捷菜单中选择"添加次要网格线"。

④ "图表工具→布局"选项卡中，在"标签"分组中单击"图例"→"在左侧显示图例"。

⑤ 选定图表，拖动图表到 A9：I22 区域内，注意，不要超过这个区域。如果图表过大，无法放下的话，可以将图表缩小，放置入内。

第 2 小题

1. 自动筛选

打开需要编辑的工作簿 EXC.xlsx，首先对其进行筛选操作，再设置其排序，其具体操作如下：

① 单击工作表中带数据的单元格（任意一个），在"开始"→"编辑"分组中，单击"排序和筛选"→"筛选"命令，在第一行单元格的列标中将出现下拉按钮。

② 单击"日常考核"列的下拉按钮，在下拉菜单中选择"数字筛选"→"自定义筛选"命令，在"自定义自动筛选方式"对话框的"旧常考核"中选择"大于或等于"，在其后输入"75"。

③ 用相同的方法设置"抽查考核"和"年终考核"列的筛选条件，其设置方法和设

置值同"日常考核"列相同，完成自动筛选的效果。

2. 排序

① 单击工作表中带数据的单元格（任意一个），在"开始"→"编辑"分组中，单击"排序和筛选"→"自定义排序"命令，弹出"排序"对话框。勾选"数据包含标题"。

② 在"主要关键"字中选择"平均成绩"，在"主要关键字"中选择"数值"，在次序中选择"降序"。

③ 单击"添加条件"按钮，在"次要关键"字中选择"部门"，在"主要关键字"中选择"数值"，在次序中选择"升序"。

④ 保存文件 EXC.xlsx。

【案例 4-5】

1. 在考生文件夹下打开 EXCEL.xlsx 文件，将 Sheet1 工作表的 A1：F1 单元格合并为一个单元格，水平对齐方式设置为居中；计算总计行的内容和季度平均值列的内容，季度平均值单元格格式的数字分类为数值（小数位数为 2），将工作表命名为"销售数量情况表"。

2. 选取"销售数量情况表"的 A2：E5 单元格区域，建立"数据点折线图"，X 轴为季度名称，系列产生在"行"，标题为"销售数量情况图"，网格线为 X 轴和 Y 轴显示主要网格线，图例位置靠上，将图插入到工作表的 A8：F20 单元格区域内。

【操作解析】：

1. 工作表计算

① 选中工作表 Sheet1 中的 A1：F1 单元格，单击"开始"→"对齐方式"中的"合并后居中"按钮，这样一下完成两项操作：选中的单元格合并成一个单元格、单元格中的内容水平居中对齐。

② 在 B6 中输入"=SUM(B3：B5)"将自动计算第一行的合计，此处也可用公式"=B3+B4+B5"。然后将鼠标置于 B6 单元格的句柄上，出现实心细十字光标，按住鼠标左键向右拖动鼠标到 E6 单元格松开鼠标左键，将会把 F3 中的公式自动复制到 C6 到 E6 的区域中，计算所有的合计。

③ 在 F3 中输入公式"=AVERAGE(B3：E3)"，将自动计算第一行的平均值。接下来将 F3 单元格中的公式复制到 F4 和 F5 中。

④ 选定 F3：F5 单元格，在"开始"→"单元格"分组中，单击"格式"→"设置单元格格式"命令，在弹出的"设置单元格格式"对话框"数字"的"分类"中选择"数值"，在"小数位数"中输入"2"。

⑤ 在底部的工作表名称 Sheet1 上单击鼠标右键，在弹出的菜单中选择"重命名"命令，然后输入新的工作表名"销售数量情况表"。

2. 插入图表

① 选中工作表中的 A2：E5 单元格，单击"插入"→"图表"中的"图表"→"折线图"→"带数据标记的折线图"按钮。

② 按住【Alt】键拖动图表的四角，使图表正好在 A8：F20 单元格区域内。选中图表，单击"布局"→"标签"中的"图表标题"→"图表上方"按钮；将图表的标题设

置为"销售数量情况图";单击"图例"按钮选择"在顶部显示图例"。

③ 选中图表,单击"布局"→"坐标轴"中的"网格线"按钮,分别选择显示 X 轴和 Y 轴的主要网格线。

④ 单击"保存"按钮保存工作簿并退出 Excel 程序。

模块 5 PowerPoint 演示文稿制作

请选择"演示文稿"模块,然后按照题目要求打开相应的文档,完成相关的操作。

注意:下面出现的所有文件都必须保存在考生文件夹下。

【案例 5-1】

打开考生文件夹下的演示文稿 SWG.ppt,按照下列要求完成对此文稿的修饰并保存。

1. 使用"透视"主题修饰全文,全部幻灯片切换效果为"棋盘",效果选项为"自左侧"。

2. 在第一张幻灯片前插入一版式为"标题幻灯片"的新幻灯片,主标题输入"中国海军护航舰队抵达亚丁湾索马里海域",并设置为"黑体",41 磅,红色(RGB 颜色模式:250,0,0),副标题输入"组织实施对 4 艘中国商船的首次护航",并设置为"仿宋",30 磅字。第二张幻灯片的版式改为"两栏内容",将考生文件夹下的图片文件 PPT1.png 插入到内容区,标题区输入"中国海军护航舰队确保被护航船只和人员安全"。图片动画设置为"飞入",效果选项为"自右下部",文本动画设置为"曲线向上",效果选项为"作为一个对象"。动画顺序为先文本后图片。第三张幻灯片的版式改为"两栏内容",将考生文件夹下的图片文件 PPT2.jpg 插入到左侧内容区,并将第二张幻灯片左侧文本前两段文本移到第三张幻灯片右侧内容区

【操作解析】:

1. 主题和切换方式设置

① 在"设计"→"主题"分组中,单击"主题"样式列表右侧的"其他"按钮,弹出"所有主题"样式集,单击"透视"主题按钮即将此主题样式应用到全部幻灯片上,如图 5-1 所示。

② 在"切换"→"切换到此幻灯片"分组中,单击"切换"样式列表右侧的"其他"按钮,弹出"所有切换"样式集,单击"棋盘"样式,如图 5-2 所示,接下来单击"效果选项"按钮并选择"自左侧"。再单击"计时"分组中的"全部应用"按钮,即将此样式应用到全部幻灯片上。

2. 幻灯片版式设计

① 选中第一张幻灯片,在"开始"→"幻灯片"分组中,单击"新建幻灯片"下拉按钮,选择"标题幻灯片"。选中该幻灯片并将其按住左键不放拖动至第一张幻灯片之前释放鼠标左键,使其成为第一张幻灯片。

② 在幻灯片的主标题处键入"中国海军护航舰队抵达亚丁湾索马里海域",副标题区域键入"组织实施对 4 艘中国商船的首次护航",然后选中该主标题,在"开始"→"字体"分组中将字体设置为黑体、41 磅。单击"字体颜色"右侧的下拉按钮,选择"其他

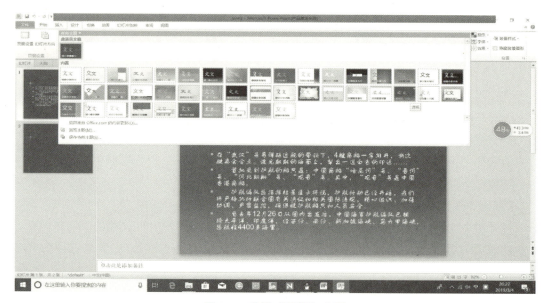

图 5-1 设置"透视"主题

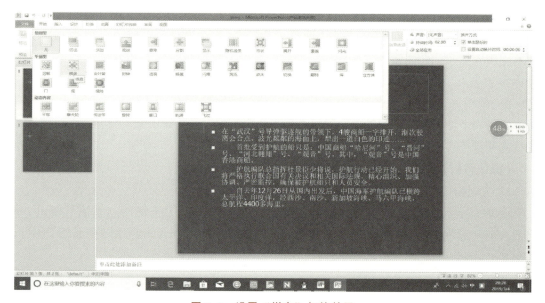

图 5-2 设置"棋盘"切换效果

颜色"命令,将打开"颜色"对话框。在对话框中单击"自定义"选项卡,设置红色 255、绿色 0、蓝色 0,单击确定按钮关闭对话框。选中副标题并在"开始"→"字体"分组中将字体设置为仿宋、30 磅。

③ 选中第二张幻灯片,在"开始"→"幻灯片"分组中,单击"版式"按钮,选择"两栏内容"。单击幻灯片内容区的"插入来自图片的文件"按钮,在弹出的"插入图片"对话框中选择考生文件夹下的图片文件 PPT1.png。在幻灯片的标题栏输入"中国海军护航舰队确保被护航船只和人员安全"。

④ 选中第二张幻灯片中的图片,在"动画"→"高级动画"分组中,单击"添加动

画"按钮,选择"更多进入效果"。在打开的"添加进入效果"对话框中选择"飞入"后单击"确定"按钮,如图 5-3 所示。接下来单击"动画"分组中的"效果选项"按钮,选定"自右下部"。

图 5-3　设置动画

⑤ 选中第二张幻灯片中的文本(非标题),在"动画"→"高级动画"分组中,单击"添加动画"按钮,选择"更多进入效果"。在打开的"添加进入效果"对话框中选择"曲线向上"后单击"确定"按钮,接下来单击"动画"分组中的"效果选项"按钮,选定"作为一个对象"。单击"计时"分组中的"向前移动"按钮使得出现动画顺序先文本后图片的效果。

⑥ 选中第三张幻灯片,在"开始"→"幻灯片"分组中,单击"版式"按钮,选择"两栏内容"。单击幻灯片左侧内容区"插入来自图片的文件"按钮,在弹出的对话框中选择考生文件夹下的图片文件 PPT2.jpg。到第二张幻灯片中选定左侧文本前两段文本,并单击"剪贴板"分组中的"剪切"按钮;再回到第三张幻灯片中单击右侧的内容区,单击"剪贴板"分组中的"粘贴"按钮。

步骤 7:单击"保存"按钮保存演示文稿并退出 PowerPoint。

【案例 5-2】

打开考生文件夹下的演示文稿 SWG.ppt,按照下列要求完成对此文稿的修饰并保存。

1. 第一张幻灯片的版式改为"两栏内容",文本设置为 23 磅字,将考生文件夹下的文件 PPT1.png。

插入到第一张幻灯片右侧内容区域,且设置幻灯片最佳比例。在第一张幻灯片前插入一张版式为"标题幻灯片"的新幻灯片,主标题区域输入""红旗-7"防空导弹",副标题区域输入"防范对奥运会的干扰和破坏",其背景设置为"绿色大理石"纹理。第三张幻灯片版式改为"垂直排列标题与文本",文本动画设置为"切入",效果选项为"自顶部"。第四张幻灯片版式改为"两栏内容"。将考生文件夹下的文件 PPT2.png 插入到右侧内容区域,且设置幻灯片最佳比例。

2. 放映方式为"观众自行浏览"。

【操作解析】:

第1小题

① 选中第一张幻灯片,选择"开始"选项,单击"版式"展开所有版式内容,选择"两栏内容",如图 5-4 所示。选中文本框,将字体大小设置为 23 磅。

② 选择"插入"选项,单击"图片"按钮,弹出"插入图片"对话框,选中考生文件夹下图片 PPT1.png,单击"插入"按钮,如图 5-5 所示。

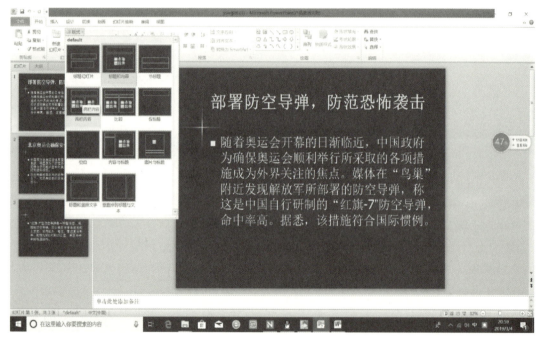

图 5-4 "版式"设置

③ 选中图片单击右键选择"设置图片格式"命令,弹出"设置图片格式"对话框,选择"大小"选项,选中"幻灯片最佳比例"复选框,并设置相应比例。

④ 在第一张幻灯片上部位置单击左键,使光标在其上方出现闪烁,再单击"新建幻灯片"下方小三角,选择"标题幻灯片"版式。

⑤ 主标题区域输入"红旗-7"防空导弹",副标题区域输入"防范对奥运会的干扰和破坏",选择"设计"选项"背景"分组右下角箭头,弹出"设置背景格式"对话框,选中"填充"标签中的"图片或纹理填充"单选按钮,并将纹理设置为"绿色大理石",如图 5-6 所示。

⑥ 选中第三张幻灯片,选择"开始"选项,单击"版式"展开所有版式内容,选择

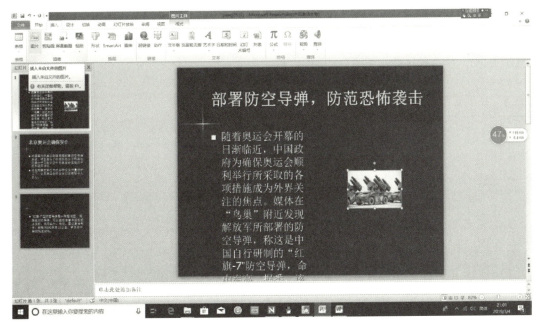

图 5-5 插入图片

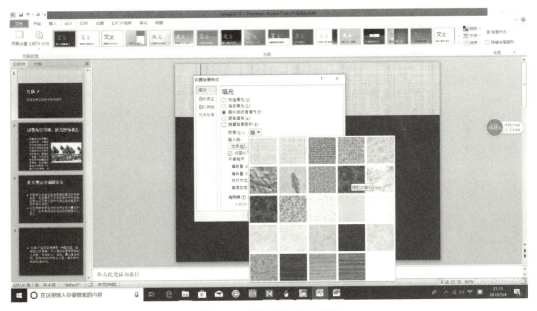

图 5-6 "背景样式"设置

"垂直排列标题与文本"。选中文本部分,选择"动画"选项,选择"更多进入效果",设置为"切入";设置"效果选项"为"自顶部"。

⑦ 选中第四张幻灯片,选择"开始"选项,单击"版式"展开所有版式,选择"两栏内容";选择"插入"选项,单击"图片"按钮,弹出"插入图片"对话框,选中考生文件夹下图片"PPT2.png",单击"插入"按钮;单击右键选择"设置图片格式"命令,在弹出的对话框中,选中"大小"中的"幻灯片最佳比例",并设置相应比例。

第 2 小题

选择"幻灯片放映"选项,单击"设置幻灯片放映"按钮,在弹出的对话框中设置"放映类型"为"观众自行浏览",单击"确定"按钮,如图 5-7 所示。

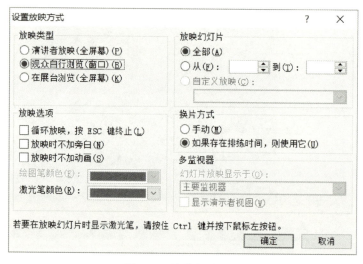

图 5-7 放映类型设置

【案例 5-3】

请在"答题"菜单下选择"演示文稿"命令,然后按照题目要求再打开相应的命令,完成下面的内容,具体要求如下:

注意:下面出现的所有文件都必须保存在考生文件夹下。

打开考生文件夹下的演示文稿 YSWG.pptx,按照下列要求完成对此文稿的修饰并保存。

1. 在第一张幻灯片前插入一张版式为"仅标题"的幻灯片,并输入"北京欢迎您",字体为"黑体",55 磅,加粗,红色(请用自定义标签的红色 250、绿色 0、蓝色 0)。在第三张幻灯片中,标题和文本的动画设置为"进入飞入""自左侧",图片的动画设为"进入飞入""自右上部"。动画出现顺序为先标题、后文本、最后图片。移动第二张幻灯片成为第三张幻灯片。

2. 使用"沉稳"主题模板修饰全文,全部幻灯片切换效果为"溶解"。

【操作解析】:

① 在"开始"选项卡"幻灯片"分组中,单击"新建幻灯片"命令,在弹出的"Office 主题"列表中单击"仅标题"。

② 在窗口左侧的"幻灯片"选项卡中选择新建幻灯片的缩略图,拖动到第一张幻灯片前面。在幻灯片的标题部分输入文本"北京欢迎您"。选定文本后,在"开始"→"字体"分组中,单击对话框启动器,在弹出的"字体"对话框"中文字体"中选择"黑体"(西文字体保持默认选择),在"字体样式"中选择"加粗",在"大小"中输入"55"。

③ 在"字体颜色"中选择"其他颜色"命令,在弹出的"颜色"对话框"自定义"

选项卡的红色中输入"250",在"绿色"中输入"0",在"蓝"色中输入"0",单击"确定"按钮返回到"字体"对话框,再次单击"确定"按钮关闭"字体"对话框。

④ 使第三张幻灯片成为当前幻灯片,首先选定设置动画的图片,然后在"动画"选项卡"动画"分组中,单击列表框最右侧"其他"下拉按钮,打开"动画"样式面板,选择"进入—飞入",在"效果选项"中选择"自右上部";同理设置文本和标题的动画效果。选定幻灯片中的某个对象,在"动画"选项卡"计时"分组中,单击"向前移动"或"向后移动"按钮可以调整动画播放的顺序。

⑤ 在窗口左侧的"幻灯片"选项卡中选择第二张幻灯片的缩略图,将其拖动到第三张幻灯片的位置。

⑥ 在"设计"选项卡"主题"分组中,单击主题列表框右侧的"其他"下拉按钮,在弹出的列表中单击"沉稳"。

⑦ 在"切换"选项卡"切换到此幻灯片"分组中,单击列表框最右侧的"其他"下拉按钮,打开"切换"样式面板,在其中选择"溶解",单击"全部应用"按钮。

【案例 5-4】

请在"答题"菜单下选择"演示文稿"命令,然后按照题目要求再打开相应的命令,完成下面的内容,具体要求如下:

打开考生文件夹下的演示文稿 YSWG.pptx,按照下列要求完成对此文稿的修饰并保存。

1. 使用"跋涉"主题模板修饰全文,全部幻灯片切换效果为"溶解"。

2. 第一张幻灯片的版式改为"两栏内容",将第二张幻灯片中文本第一段移到第一张幻灯片的左侧部分,右侧插入插入剪贴画"通讯",图片动画设置为"进入飞入""自右侧"。第二张幻灯片的版式改为"两栏内容",左侧栏文本设置字体为"楷体",字号为 19 磅,颜色为红色(请用自定义标签的红色 250、绿色 0、蓝色 0),将第三张幻灯片的图片移到第二张幻灯片的右侧栏区域,图片动画设置为"进入—浮入""下浮"。第三张幻灯片中插入样式为"填充—白色,投影"的艺术字"最活跃的十大科技公司"(位置为水平:3.2cm,度量依据:左上角,垂直:4.2cm,度量依据:左上角),移动第三张幻灯片,使之成为第一张幻灯片。

【操作解析】:

① 打开"设计"选项卡,在"主题"分组的主题列表中选择"跋涉"。打开"切换"选项卡,在"切换到此幻灯片"分组列表中选择"溶解",并单击"应用于所有幻灯片"按钮。

② 选中第一张幻灯片,在"开始"选项卡"幻灯片"分组中单击"版式"按钮,在展开的列表中选择"两栏内容"。选择第二张幻灯片中的第一段文本,按【Ctrl+X】键将其剪切,进入到第一张幻灯片中,选定幻灯片右栏的占位符,按【Ctrl+V】键将复制的文本进行粘贴。

③ 选定第一张幻灯片的右侧剪贴画区域,打开"插入"选项卡,在"图像"分组中单击"剪贴画"命令,在弹出的"剪贴画"任务窗格的"搜索文字"中输入文字"通

讯",单击"搜索"按钮,在任务窗格空白处可显示搜索出的图片,单击此图片即可插入。选择图片部分,在"动画"选项卡"动画"分组中,单击列表框最右侧"其他"下拉按钮,打开"动画"样式面板,选择"进入—飞入",在"效果选项"中选择"自右侧"。

④ 选中第二张幻灯片,在"开始"选项卡"幻灯片"分组中单击"版式"按钮,在展开的列表中选择"两栏内容"。

⑤ 选择该幻灯片中的文本部分,在"开始"选项卡"字体"分组中单击对话框启动器,打开"字体"对话框,在弹出的"字体"对话框"中文字体"中选择"楷体"(西文字体保持默认选择),在"大小"中输入"19"。在"字体颜色"中选择"其他颜色"命令,在弹出的"颜色"对话框"自定义"选项卡的"红"中输入"250",在绿色中输入"0",在蓝色中输入"0",单击"确定"按钮返回到"字体"对话框,再次单击"确定"按钮关闭"字体"对话框。

⑥ 选择第三张幻灯片中的图片部分,按【Ctrl+X】键将其剪切,进入到第二张幻灯片中,选定幻灯片右栏的占位符,按【Ctrl+V】键将复制的图片进行粘贴。选择第二张幻灯片的图片部分,在"动画"选项卡"动画"分组中,单击列表框最右侧"其他"下拉按钮,打开"动画"样式面板,选择"进入—浮入",在"效果选项"中选择"下浮"。

⑦ 选择第三张幻灯片,在"插入"选项卡"文本"分组中,单击"艺术字"命令,在弹出的艺术字列表中选择"填充—白色,投影",在幻灯片中艺术字占位符中输入文本"最活跃的十大科技公司"。

⑧ 用鼠标右键单击插入的艺术字占位符,在弹出的快捷菜单中选择"大小和位置"命令,在弹出对话框的"位置"的"在幻灯片上的位置"栏中分别设置"水平"为"3.2cm","自"为"左上角","垂直"为"4.2cm","自"为"左上角",单击"关闭"按钮。

⑨ 在窗口左侧的"幻灯片"选项卡中,选中第三张幻灯片缩略图,按住它不放将其拖动到第一张幻灯片的前面。

【案例 5-5】

请在"答题"菜单下选择"演示文稿"命令,然后按照题目要求再打开相应的命令,完成下面的内容,具体要求如下:

注意:下面出现的所有文件都必须保存在考生文件夹下。

打开考生文件夹下的演示文稿 YSWG.pptx,按照下列要求完成对此文稿的修饰并保存。

1. 对第二张幻灯片,主标题文字输入"冰清玉洁的水立方",其字体为"楷体",字号为63磅,加粗,颜色为红色(请用自定义标签的红色245、绿色0、蓝色0)。副标题输入"奥运会游泳馆",其字体为"宋体",字号为37磅。将第三张幻灯片的版式设置为"两栏内容",图片放在右侧栏区域,设置图片动画为"进入飞入""自顶部"。第一张幻灯片中插入样式为"填充—无,轮廓—强调文字颜色2"的艺术字"水立方"(位置为水平:10cm,度量依据:左上角,垂直:1.5cm,度量依据:左上角),并将右侧的文本移到第三张幻灯片的左侧文本区域。第一张幻灯片的版式改为"两栏内容",将第二张幻灯片的图片移到第一张幻灯片右侧栏区域,设置图片动画为"进入飞入""自右侧"。

2. 使第二张幻灯片成为第一张幻灯片。使用"波形"主题模板修饰全文,全部幻灯片切换效果为"切出",放映方式设置为"在展台浏览"。

【操作解析】:

① 在第二张幻灯片的主标题中输入文本"冰清玉洁的水立方",选定文本后,在"开始"选项卡"字体"分组中单击对话框启动器,打开"字体"对话框,在弹出的"字体"对话框"中文字体"中选择"楷体"(西文字体保持默认选择),在"字体样式"中选择"加粗",在"大小"中输入"63"。在"字体颜色"中选择"其他颜色"命令,在弹出的"颜色"对话框"自定义"选项卡的"红色"中输入"245",在绿色中输入"0",在蓝色中输入"0",单击"确定"按钮返回到"字体"对话框,再次单击"确定"按钮关闭"字体"对话框。

② 在副标题中输入文本"奥运会游泳馆",选定文本后,在"开始"选项卡"字体"分组中单击对话框启动器,打开"字体"对话框,在弹出的"字体"对话框"中文字体"中选择"宋体,"(西文字体保持默认选择),在"大小"中输入"37"。

③ 选中第三张幻灯片,在"开始"选项卡"幻灯片"分组中单击"版式"按钮,在展开的列表中选择"两栏内容"。选择幻灯片中的图片,按【Ctrl+X】键将其剪切,选定幻灯片右侧栏的占位符,按【Ctrl+V】键将复制的图片进行粘贴。选择剪贴画部分,在"动画"选项卡"动画"分组中,单击列表框最右侧"其他"下拉按钮,打开"动画"样式面板,选择"进入—飞入",在"效果选项"中选择"自顶部"。

④ 选择第一张幻灯片,在"插入"选项卡"文本"分组中,单击"艺术字"命令,在弹出的艺术字列表中选择"填充—无,轮廓—强调文字颜色2",在新建的艺术字占位符中输入"水立方"。用鼠标右键单击插入的艺术字占位符,在弹出的快捷菜单中选择"大小和位置"命令,弹出"设置形状格式"对话框,在"位置"选项卡的"在幻灯片上的位置"栏下设置水平位置和垂直位置,单击"关闭"按钮。

⑤ 选择幻灯片右侧的文本,按【Ctrl+X】键将其剪切,进入到第三张幻灯片中,选定幻灯片右栏的占位符,按【Ctrl+V】键将复制的文本进行粘贴。

⑥ 选中第一张幻灯片,在"开始"选项卡"幻灯片"分组中单击"版式"按钮,在展开的列表中选择"两栏内容"。选择第二张幻灯片中的图片,按【Ctrl+X】键将其剪切,进入到第一张幻灯片中,选定幻灯片左侧栏的占位符,按【Ctrl+V】键将复制的图片进行粘贴。选择图片部分,在"动画"选项卡"动画"分组中,单击列表框最右侧"其他"下拉按钮,打开"动画"样式面板,选择"进入—飞入",在"效果选项"中选择"自右侧"。

⑦ 在窗口左侧的"幻灯片"选项卡中,选中第二张幻灯片缩略图,按住它不放将其拖动到第一张幻灯片的前面。

⑧ 打开"设计"选项卡,在"主题"分组的主题列表中选择"波形"。

⑨ 打开"切换"选项卡,在"切换到此幻灯片"分组列表中选择"切出",并单击

"全部应用"按钮。

⑩ 在"幻灯片放映"选项卡"设置"分组中,单击"设置幻灯片放映"命令,在弹出的"设置放映方式"对话框的"放映类型"中选择"在展台浏览(全屏幕)"。

模块 6　上网操作题

请选择"上网题"模块,然后按照题目要求,完成相关的操作。

注意:下面出现的所有文件都必须保存在考生文件夹下。

【案例 6-1】

1. 浏览"http://localhost/web/index.htm"页面,并将当前网页以"test1.htm"保存在考生文件夹下。

2. 打开 Outlook Express,发送封邮件。收件人:Zhangpeng1989@163.com;主题:祝贺你高考成功;正文内容:小鹏,祝贺你考上自己喜欢的大学,祝愿你学有所成,大学生活快乐,身体健康!今后多联系。

【操作解析】:

1. IE 题

① 在"考试系统"中选择"答题"→"上网"→【Internet Explorer】命令,将 IE 浏览器打开。

② 在地址栏中输入"http://localhost/web/index.htm",按【Enter】键打开页面。单击"文件"→"另存为"命令,弹出"保存网页"对话框,在地址栏中找到考生文件夹,在"文件名"中输入"test1.htm",在"保存类型"中选择"网页(*.htm)",单击"保存"按钮完成操作。

2. 邮件题

① 在"考试系统"中选择"答题"→"上网"→【Outlook】命令,启动【Outlook Express】。

② 在 Outlook Express "开始"选项卡上,"新建"分组中单击"新建电子邮件",弹出"邮件"窗口。

③ 在收件人中输入"zhangpeng1989@163.com";在"主题"中输入"祝贺你高考成功";在窗口中央空白的编辑区域内输入邮件的主体内容"小鹏,祝贺你考上自己喜欢的大学,祝愿你学有所成,大学生活快乐,身体健康!今后多联系"。

④ 单击"发送"按钮发送邮件,退出。

【案例 6-2】

1. 接收来自班主任的邮件,主题为"关于期末考试的通知",转发给同学彬彬,她的 Email 地址是"binbin880211@163.com"。

2. 打开 http://localhost/web/intro.htm 页面,找到汽车品牌"奥迪"的介绍,在考生文件夹下新建文本文件"奥迪.txt",并将网页中的关于奥迪汽车的介绍内容复制到文件"奥迪.txt"中,并保存。

【操作解析】：

1. 邮件题

① 在"考试系统"中选择"答题"→"上网"→【Outlook】命令，启动【Outlook Express】。

② 打开"发送/接收"→"发送和接收"分组，单击"发送/接收所有文件夹"按钮，接收完邮件后，会在"收件箱邮件列表"窗格中，有一封新邮件，单击此邮件，在右侧"阅读窗格"中可显示邮件的具体内容。单击"开始"→"响应"分组上的"答复"按钮，弹出回复邮件的"答复邮件"窗口。

③ 在"收件人"中输入"binbin880211@163.com"；在"主题"中输入"关于期末考试的通知"；单击"发送"按钮完成邮件转发。

2. IE 题

① 在"考试系统"中选择"答题"→"上网"→【Internet Explorer】命令，将 IE 浏览器打开。

② 在地址栏中输入"http://localhost/web/intro.htm"，按【Enter】键打开页面，单击汽车品牌"奥迪"的页面，单开此页面。

③ 复制页面中关于奥迪汽车的介绍内容，然后在考生文件夹中单击右键，选择"新建"→"文本文档"命令，将名称改为"奥迪.txt"。然后双击打开该文档，按【Ctrl+V】快捷键将汽车介绍内容复制进去，最后保存并关闭文档。

【案例 6-3】

1. 接收来自 zhangpeng1989@163com 的邮件。并回复该邮件，主题：来信已收到，正文内容为：收到信件，祝好！

2. 打开 http://localhost/web/index.htm 页面，浏览网页，点击"JAVA 入门""Linux 安装"和"路由原理"链接进入子页面详细浏览。并将这些子页面以文本形式保存到考生文件夹下，名字分别为"JAVA 入门.txt""Linux 安装.txt"和"路由原理.txt"。

【操作解析】：

1. 邮件题

① 在"考试系统"中选择"答题"→"上网"→【Outlook】命令，启动【Outlook Express】。

② 打开"发送/接收"→"发送和接收"分组，单击"发送/接收所有文件夹"按钮，接收完邮件后，会在"收件箱邮件列表"窗格中，有一封新邮件，单击此邮件，在右侧"阅读窗格"中可显示邮件的具体内容。单击"答复"按钮，弹出回复邮件的"答复邮件"窗口。

③ 在"主题"输入框中输入"来信已收到"；在窗口中央空白的编辑区域内输入邮件的主体内容"收到信件，祝好！"，然后单击"发送"按钮完成邮件发送。

2. IE 题

① 在"考试系统"中选择"答题"→"上网"→【Internet Express】命令，将 IE 浏览器打开。

② 在地址栏中输入"http://localhost/web/index.htm",按【Enter】键打开页面,从中单击"JAVA 入门"的链接进入子页面。单击"文件"→"另存为"命令,弹出"保存网页"对话框,在地址栏中找到考生文件夹,在"文件名"中输入"JAVA 入门.txt",在"保存类型"中选择"文本文件(*.txt)",单击"保存"按钮完成操作。

③ 单击"Linux 安装"的链接进入子页面。单击"文件"→"另存为"命令,弹出"保存网页"对话框,在地址栏中找到考生文件夹,在"文件名"中输入"Linux 安装.txt",在"保存类型"中选择"文本文件(*.txt)",单击"保存"按钮完成操作。

④ 单击"路由原理"的链接进入子页面。单击"文件"→"另存为"命令,弹出"保存网页"对话框,在地址栏中找到考生文件夹,在"文件名"中输入"路由原理.txt",在"保存类型"中选择"文本文件(*.txt)",单击"保存"按钮。

【案例 6-4】

1. 浏览"http://localhost/web/juqing.htm"页面,在考生文件夹下新建文本文件"剧情介绍.txt",将页面中剧情简介部分的文字复制到文本文件"剧情介绍.txt"中并保存。将电影海报照片保存到考生文件夹下,命名为"电影海报.jpg"。

2. 接收并阅读由"xuexq@mail.neea.edu.cn"发来的 E-mail,并立即转发给王国强。王国强的 E-mail 地址为:"wanggq@mail.home.net"。

【操作解析】:

1. IE 题

① 在"考试系统"中选择"答题"→"上网"→【Internet Exppress】命令,将 IE 浏览器打开。

② 在地址栏中输入"http://localhost/web/juqing.htm",按【Enter】键打开页面。

③ 在考生文件夹中新建一个"剧情介绍.txt"文件;复制网页中剧情简介部分的文字复制到"剧情介绍.txt"文件中,单击"文件"→"保存"命令保存文件。

④ 右键单击电影海报照片,单击"另存为"选项,在弹出的对话框中,文件名设为"电影海报.jpg",保存位置未考生文件夹,单击"保存"按钮即可完成

2. 邮件题

① 在"考试系统"中选择"答题"→"上网"→【Outlook】命令,启动【Outlook Express】。

② 打开"发送/接收"选项卡的"发送和接收"分组,单击"发送/接收所有文件夹"按钮,接收完邮件后,会在"收件箱邮件列表"窗格中,有一封新邮件,单击此邮件,在"阅读窗格"中显示邮件内容。

③ 单击"转发"按钮,在打开的窗口"收件人"中输入"wanggq@mail.home.net"。

④ 单击"发送"按钮完成邮件发送。

【案例 6-5】

1. 某考试网站的主页地址是"http://localhost/web/index.html",打开此主页,浏览"英语考试"页面,查找"英语专业四级、八级介绍"页面内容,并将它以文本文件的格式保存到考生文件夹下,命名为"1jswks02.txt"。

2. 向部门经理土强发送一个电子邮件，并将考生文件夹下的一个 Word 文档 plan.doc 作为附件一起发出，同时抄送总经理柳扬先生。

具体如下：

收件人：wangq@bj163.com

抄送：iuy@263.net.cn

主题：工作计划

函件内容：发去全年工作计划草案，请审阅。具体计划见附件。

【操作解析】：

1. IE 题

① 在"考试系统"中选择"答题"→"上网"→【Internet Exppress】命令，将 IE 浏览器打开。

② 在 IE 浏览器的"地址栏"中输入网址"http://ncre/1jks/index.html"，按【Enter】键打开页面，从中单击"英语考试"页面，再选择"英语专业四、八级介绍"，单击打开此页面。

③ 单击"文件"→"另存为"命令，弹出"保存网页"对话框，在地址栏中找到考生文件夹，在"文件名"中输入"1jkswks02.txt"，在"保存类型"中选择"文本文件（*.txt）"，单击"保存"按钮完成操作。

2. 邮件题

① 在"考试系统"中选择"答题"→"上网"→【Outlook】命令，启动"Outlook 2010"。

② 在 Outlook 2010"开始"选项卡上，"新建"分组中单击"新建电子邮件"，弹出"邮件"窗口。

③ 在"收件人"中输入"wangq@bj163.com"；在"抄送"中输入"liuy@263.net.cn"；在"主题"中输入"工作计划"；在窗口中央空白的编辑区域内输入邮件的主体内容。

④ 打开"插入"选项卡，在"添加"分组中，单击"附加文件"命令，弹出"插入文件"对话框，在考生文件夹下选择文件，单击"打开"按钮返回"邮件"对话框，单击"发送"按钮完成邮件发送。